园林绿化
常见植物识别与应用

IDENTIFYING AND APPLYING
COMMON LANDSCAPE PLANTS

王奇志　陈志祥◎主编

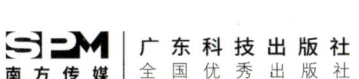

广东科技出版社
全国优秀出版社

·广 州·

图书在版编目（CIP）数据

园林绿化常见植物识别与应用 / 王奇志，陈志祥主编. —广州：广东科技出版社，2024.5

ISBN 978-7-5359-8209-4

Ⅰ．①园… Ⅱ．①王…②陈… Ⅲ．①园林植物—图集 Ⅳ．① S68-64

中国国家版本馆 CIP 数据核字（2023）第 244120 号

园林绿化常见植物识别与应用
Yuanlin Lühua Changjian Zhiwu Shibie yu Yingyong

出 版 人：严奉强
责任编辑：尉义明
封面设计：柳国雄
责任校对：李云柯
责任印制：彭海波
出版发行：广东科技出版社
（广州市环市东路水荫路 11 号 邮政编码：510075）
销售热线：020-37607413
https://www.gdstp.com.cn
E-mail：gdkjbw@nfcb.com.cn
经　　销：广东新华发行集团股份有限公司
印　　刷：广州市彩源印刷有限公司
（广州市黄埔区百合三路 8 号 邮政编码：510700）
规　　格：787 mm×1 092 mm 1/16 印张 15.5 字数 310 千
版　　次：2024 年 5 月第 1 版
　　　　　2024 年 5 月第 1 次印刷
定　　价：98.00 元

如发现因印装质量问题影响阅读，请与广东科技出版社印制室联系调换（电话：020-37607272）。

《园林绿化常见植物识别与应用》编委会

顾　问：何兴金　周颂东　王　丽　王　强
主　编：王奇志　陈志祥
副主编：余　岩　陈育明　宋林平
编　委：（按姓氏音序排列）

毕安君	蔡明慧	陈　婧	池小敏	高小琴	何秋媚
侯　婧	黄锦飞	黄志峰	郎　丹	林婉琼	林微明
刘建福	刘育梅	吕顺佳	覃凤琼	王点丹	王明元
王　娜	王　伟	王　壹	吴李铃	杨　晨	杨江华
杨英华	姚雪莹	殷　昊	于海玲	张彩云	张君毅
周　怡

前 言
FOREWORD

  在云破日出的暮春清晨，千年古城泉州的刺桐满城花开，正如唐代王毂诗中所云："南国清和烟雨辰，刺桐夹道花开新。"刺桐争奇斗艳，它们或是行道之树，或是庭园之木，又或是孤植与群植之姿，举目望去，高低错落，形态各异。细观蝶形般花冠，犹如跳动的火焰，而各式花萼也增添了无限魅力，令人陶醉。这些是刺桐 *Erythrina variegata* L.、鸡冠刺桐 *Erythrina crista-galli* L.，还是龙牙花 *Erythrina corallodendron* L.？它们到底长成什么样？能让人穿越时空，在不同的季节和城市里产生共鸣。因此，我们以创作通俗易懂和简洁实用的图册为目标，依托中国教学标本资源共享平台、中国大学植物网联盟和华侨大学教材建设资助项目的资助，撰写了《园林绿化常见植物识别与应用》一书。本书可以作为"园林树木学"课程各论内容，以供学生学习，也可以作为国家一流课程"花艺设计"第三章"花材的基本知识"中花材识别的拓展内容，以供植物和花艺爱好者阅读。这是一本既适合普通读者的科普书籍，也适合作为植物识别入门和园林植物应用的入门参考书。读者们可以按图识别城市中园林绿化的常见植物，掌握园林植物的形态特征，关爱身边的花草树木，构建人与植物的亲密关系，促进人与自然和谐共生，共筑和谐的城市植物生态环境。

  本书分为三章，第一章浅谈了园林植物识别方法，重点突出植物形态解剖特点的识别内容，并以北美—东亚分布的中国特有变豆菜属植物——鳞果变豆菜 *Sanicula hacquetioides* Franch. 为例，介绍了植物形态解剖的特征，引导读者由远及近地观察植物的性状，以及根、茎、叶、花和果实的形态特征。第二章和第三章共涵盖48科、91属和103种常见园林植物，包括各类照片900余张。为了便于读者快速了解和掌握植物分类特征及实际应用情况，兼顾园林植物性状和花色进行类群划分；第二章共收录76种植物，结合徒手和精细解剖图片，参考《中国植物志》描述，介绍了植物的分类及形态特征；第三章共收录27种植物，增加了植物在环境中的平面配置示意图，旨在为读者提供园林植物造景设计的知识。

感谢在本书编撰过程中给予帮助的家人、同行及朋友，也非常感激在校和毕业多年的学生们，他们为本书的图片拍摄提供了有力的支持。由于编者能力及精力有限，书中难免有错误之处，希望各位读者批评指正。

编 者

2023 年 8 月

目录
CONTENTS

第一章
园林植物识别与应用概述

园林植物学名 ·· 002

园林植物分类 ·· 003

园林植物形态 ·· 005

园林植物识别方法 ·· 010

园林植物常见网络资源及配置原则 ··· 015

第二章
园林植物物种识别

乔木　花白色 ·· 020

　01 盆架树 *Alstonia rostrata* C. E. C. Fischer ·· 020

　02 酒瓶椰子 *Hyophorbe lagenicaulis* (L. H. Bailey) H. E. Moore ················ 022

　03 盐麸木 *Rhus chinensis* Mill. ·· 024

乔木　花黄色 ·· 026

　04 本可樱 *Bunchosia dwyeri* Cuatrec. & Croat ····································· 026

　05 番木瓜 *Carica papaya* L. ·· 028

　06 盾柱木 *Peltophorum pterocarpum* (DC.) Baker ex K. Heyne ················ 030

　07 黄槿 *Talipariti tiliaceum* (L.) Fryxell ·· 032

乔木　花粉色 ·· 034

　08 单蕊羊蹄甲 *Bauhinia monandra* Kurz ··· 034

09 非洲芙蓉 *Dombeya wallichii* (Lindl.) Benth. ex Baill.	036
10 木瓜 *Pseudocydonia sinensis* (Thouin) C. K. Schneid.	039

乔木　花橙红色 ··········· 041

11 木棉 *Bombax ceiba* L.	041
12 红花银桦 *Grevillea banksii* R. Br.	043
13 吊瓜树 *Kigelia africana* (Lam.) Benth.	045
14 火焰树 *Spathodea campanulata* P. Beauv.	047

灌木　花白色 ··········· 049

15 糯米条 *Abelia chinensis* R. Br.	049
16 光叶子花 *Bougainvillea glabra* Choisy	051
17 东北山梅花 *Philadelphus schrenkii* Rupr.	053

灌木　花黄色 ··········· 055

18 夜香树 *Cestrum nocturnum* L.	055
19 金英 *Galphimia gracilis* Bartl.	056
20 翅荚决明 *Senna alata* (L.) Roxburgh	057
21 双荚决明 *Senna bicapsularis* (L.) Roxb.	059
22 黄花夹竹桃 *Thevetia peruviana* (Pers.) K. Schum.	061

灌木　花粉色 ··········· 063

23 沙漠玫瑰 *Adenium obesum* (Forssk.) Roem. et Schult.	063
24 罗布麻 *Apocynum venetum* L.	064
25 红萼龙吐珠 *Clerodendrum × speciosum* Dombrain	066
26 五星花 *Pentas lanceolata* (Forsk.) K. Schum.	067
27 紫云杜鹃 *Pseuderanthemum laxiflorum* (Vahl) B. Hansen	069

灌木　花橙红色 ··········· 071

28 金凤花 *Caesalpinia pulcherrima* (L.) Sw.	071
29 长隔木 *Hamelia patens* Jacq.	073
30 鸡冠爵床 *Odontonema strictum* (Nees) O. Kuntze	075
31 郎德木 *Rondeletia odorata* Jacq.	076
32 爆仗竹 *Russelia equisetiformis* Schltdl. et Cham.	077
33 硬骨凌霄 *Tecoma capensis* Lindl.	078

灌木　花蓝紫色 ·· 080

　34 蓝蝴蝶 *Rotheca myricoides* (Hochst.) Steane et Mabb. ··· 080

　35 直立山牵牛 *Thunbergia erecta* (Benth.) T. Anders ··· 082

草本　花白色 ·· 084

　36 挂金灯 *Alkekengi officinarum* var. *franchetii* (Mast.) R. J. Wang ··························· 084

　37 艳山姜 *Alpinia zerumbet* (Pers.) B. L. Burtt et R. M. Sm. ··· 086

　38 宽叶十万错 *Asystasia gangetica* (L.) T. Anders. ··· 088

　39 文殊兰 *Crinum asiaticum* var. *sinicum* (Roxb. ex Herb.) Baker ······························· 089

　40 水鬼蕉 *Hymenocallis littoralis* (Jacq.) Salisb. ·· 090

　41 六月雪假龙头 *Physostegia virginiana* 'Summersnow' ·· 092

　42 金叶拟美花 *Pseuderanthemum reticulatum* var. *ovalifolium* Radlk. ······················ 094

　43 肥皂草 *Saponaria officinalis* L. ··· 095

　44 葱莲 *Zephyranthes candida* (Lindl.) Herb. ·· 097

草本　花黄色 ·· 099

　45 龙牙草 *Agrimonia pilosa* Ldb. ··· 099

　46 猪屎豆 *Crotalaria pallida* Ait. ·· 101

　47 喷瓜 *Ecballium elaterium* (L.) A. Rich. ·· 102

　48 黄菖蒲 *Iris pseudacorus* L. ·· 104

　49 白屈菜罂粟 *Stylophorum diphyllum* Nutt. ··· 106

　50 毛蕊花 *Verbascum thapsus* L. ·· 108

草本　花粉色 ·· 110

　51 红蓼 *Persicaria orientalis* (L.) Spach ··· 110

草本　花红色 ·· 113

　52 大花美人蕉 *Canna* × *generalis* L. H. Bailey ·· 113

　53 朱顶红 *Hippeastrum rutilum* (Ker-Gawl.) Herb. ·· 115

　54 大花芦莉 *Ruellia elegans* Poir. ··· 117

草本　花紫色 ·· 119

　55 山韭 *Allium senescens* L. ··· 119

　56 落新妇 *Astilbe chinensis* (Maxim.) Franch. et Savat. ··· 121

　57 花叶长果山菅 *Dianella tasmanica* 'Variegata' ··· 123

58 柳叶菜 *Epilobium hirsutum* L. ·········· 125
　　59 紫玉簪 *Hosta albomarginata* (Hook.) Ohwi ·········· 127
　　60 马蔺 *Iris lactea* Pall. ·········· 129
　　61 鸢尾 *Iris tectorum* Maxim. ·········· 131
　　62 羽扇豆 *Lupinus micranthus* Guss. ·········· 133
　　63 堇色酢浆草 *Oxalis violacea* L. ·········· 135
　　64 梭鱼草 *Pontederia cordata* L. ·········· 136
　　65 蓝花草 *Ruellia simplex* C. Wright ·········· 137
　　66 再力花 *Thalia dealbata* Fraser ·········· 139
　　67 蓝猪耳 *Torenia fournieri* Linden. ex E. Fourn. ·········· 141
藤本　花白色 ·········· 143
　　68 喙荚鹰叶刺 *Guilandina minax* (Hance) G. P. Lewis ·········· 143
藤本　花橙色 ·········· 145
　　69 贯月忍冬 *Lonicera sempervirens* L. ·········· 145
　　70 炮仗藤 *Pyrostegia venusta* (Ker-Gawl.) Miers ·········· 147
藤本　花绿色 ·········· 149
　　71 西番莲 *Passiflora caerulea* L. ·········· 149
藤本　花紫色 ·········· 151
　　72 铁线莲 *Clematis florida* Thunb. ·········· 151
　　73 褐毛铁线莲 *Clematis fusca* Turcz. ·········· 154
　　74 蒜香藤 *Mansoa alliacea* (Lam.) A. H. Gentry ·········· 156
蕨类植物 ·········· 157
　　75 铁线蕨 *Adiantum capillus-veneris* L. ·········· 157
　　76 黑桫椤 *Gymnosphaera podophylla* (Hook.) Copel. ·········· 158

第三章
园林植物实践应用

乔木　花白色 ·········· 160
　　77 海杧果 *Cerbera manghas* L. ·········· 160

- 78 水石榕 *Elaeocarpus hainanensis* Oliver ··········163
- 79 九里香 *Murraya exotica* L. ··········165
- 80 洋蒲桃 *Syzygium samarangense* (Blume) Merr. et Perry ··········168

乔木　花黄色 ··········171
- 81 腊肠树 *Cassia fistula* L. ··········171
- 82 毛叶猫尾木 *Markhamia stipulata* var. *kerrii* Sprague ··········174

乔木　花粉色 ··········177
- 83 宫粉羊蹄甲 *Bauhinia variegata* L. ··········177
- 84 美丽异木棉 *Ceiba speciosa* (A. St.-Hil.) Ravenna ··········179

乔木　花橙红色 ··········182
- 85 凤凰木 *Delonix regia* (Boj.) Raf. ··········182
- 86 鸡冠刺桐 *Erythrina crista-galli* L. ··········184

乔木　花紫色 ··········187
- 87 尖叶蓝花楹 *Jacaranda cuspidifolia* Mart. ··········187
- 88 大花紫薇 *Lagerstroemia speciosa* (L.) Pers. ··········189
- 89 大花茄 *Solanum wrightii* Bentham ··········192
- 90 二乔玉兰 *Yulania* × *soulangeana* (Soul.-Bod.) D. L. Fu ··········194

灌木　花白色 ··········197
- 91 白花羊蹄甲 *Bauhinia acuminata* L. ··········197
- 92 一叶萩 *Flueggea suffruticosa* (Pall.) Baill. ··········200
- 93 珍珠梅 *Sorbaria sorbifolia* (L.) A. Br. ··········203

灌木　花黄色 ··········205
- 94 黄蝉 *Allamanda schottii* Pohl ··········205
- 95 鱼鳔槐 *Colutea arborescens* L. ··········208
- 96 白纸扇 *Mussaenda philippica* A. Rich. ··········211

灌木　花橙色 ··········213
- 97 嘉氏羊蹄甲 *Bauhinia galpinii* N. E. Br. ··········213
- 98 赪桐 *Clerodendrum japonicum* (Thunb.) Sweet ··········215

灌木　花红色 ··········218
- 99 变叶珊瑚花 *Jatropha integerrima* Jacq. ··········218

100 朱槿 *Hibiscus rosa-sinensis* L. ·· 221

灌木　花紫色··· 224

101 胡枝子 *Lespedeza bicolor* Turcz. ·· 224

102 巴西野牡丹 *Tibouchina semidecandra* (Mart. et Schrank ex DC.) Cogn. ·············· 227

草本　花紫色··· 230

103 天蓝绣球 *Phlox paniculata* L. ··· 230

拉丁学名索引··· 233
中文名称索引··· 235

第一章
园林植物识别与应用概述

我们认识植物的过程：首先，了解植物名称的由来和命名规则，掌握不同分类系统的特点和该植物的具体分类位置；其次，坚持观察植物的营养器官（根、茎和叶）和生殖器官（花和果实）的特点，能够使用植物术语，准确描述其形态特点；最后，采用由远及近的"望、闻、问和摸"的方法，使用网络资源和中国植物科属检索工具，去认识和鉴定植物。

园林植物学名

园林植物学名是使用印欧语系罗马语族的拉丁文，是植物唯一的全球通用的"身份证"，可以避免同名异物或同物异名的现象，比如，名为"木瓜"的植物有来自蔷薇科的 *Pseudocydonia sinensis* (Thouin) C. K. Schneid. 和番木瓜科的 *Carica papaya* L. 两个种。

植物学名的双命名法是由瑞典植物学家林奈在 18 世纪创建。所有植物只能有一个合法接受的拉丁学名，未接受的拉丁学名叫异名（synonymum，syn.）。拉丁学名由属名＋种名＋命名人＋命名年份构成。其中命名年份也常省略，命名人常采用姓氏缩写。如果命名人有使用括号，则表示该命名人最早给该植物定名，但是随着新的分类证据的出现，该种的合法拉丁学名由其他人重新定名。例如，赪桐 *Clerodendrum japonicum* (Thunb.) Sweet 中 Thunberg (Thunb.) 就曾经给赪桐定名，但是其拉丁学名目前不是合法接受的拉丁学名，因此被改为由 Sweet 所命名的拉丁学名；属间或种间的杂交种使用亲本和母本的属或种的名称，两个属或种的名称之间使用乘号"×"；拉丁学名中常出现种下阶元单位和命名人相关的缩写见表1-1。第一次出现新属的植物拉丁学名，属名需要撰写全名，第二次出现该属的其他植物的拉丁学名，属名可以缩写成属名首字母，种加词不能缩写，命名人可以省略。

表 1-1　园林植物拉丁学名中常见缩写词及含义

拉丁文全拼	缩写词	含义	拉丁文全拼	缩写词	含义
combinatio nova	comb. nov.	新组合	forma	f.	变型
cultivarietas	cv.	栽培品种	species nova	sp. nov.	新种
et/&	et	和、同	species plurimus	spp.	许多种
et all	et al.	等	subspecies	subsp.	亚种
ex	ex	从、出自	subgenus	subgen.	亚属
filius	f.	儿子	synonymum	syn.	异名
filia	fil.	女儿	varietas	var.	变种

表中主要内容解释如下：

（1）"cv."作为栽培品种等级缩写词已于 1996 年 1 月 1 日取消，使用品种词放入单引号内。品种词正体，并且首字母大写，栽培品种是人工选育的种类。

（2）"et/&"和"et al."表示平行等同的关系，即为两个或以上作者共同研究而命名的。而"ex"是"从"或"根据"的意思，指两个作者在该植物命名过程中，贡献不一样，前一个人虽已命名，但未正式发表，而由后一个人正式发表。如蓝猪耳 *Torenia fournieri*

Linden. ex E. Fourn.，是由 Fournier（Fourn.）根据 Linden. 的定名而正式发表的。

（3）父亲和子女均为作者时，父亲的姓后加上"f."（表示儿子）或者"fil."（表示女儿）。

（4）种下分类等级主要包括亚种（subspecies，subsp.）、变种（varietas，var.）和变型（forma，f.）。其中亚种和原种区别较大，是由于地理隔离产生的形态变化。变型和原种的变化较小，仅差别于个别性状的不同。变种和变型一样，都与原种不存在地理隔离，与原种的差异在亚种和变种之间，如毛叶猫尾木 *Markhamia stipulata* var. *kerrii* Sprague 是猫尾木 *Markhamia stipulata* (Wall.) Seem. ex K. Schum 的变种，不仅花和果比猫尾木较小，而且小叶被黄锈毛。

通过合法接受的拉丁学名（https://wcvp.science.kew.org/），可以明确该植物目前的属和种的分类阶元。例如，华南地区四季花开的常绿灌木朱槿，在广东常叫大红花或佛桑，在云南叫状元红，在福建叫扶桑，《中国植物志》中叫朱槿，然而合法接受的拉丁学名却只有一个 *Hibiscus rosa-sinensis* L.，其中 *Hibiscus* 是锦葵科观赏木槿属的属名，源自古埃及的神祇 Hibis 美神（现今埃及还有祭祀她的庙），*rosa-sinensis* 是种名，是可以描述该物种性状特点的拉丁词，可以理解为产于中国像玫瑰花形态的一个种。L. 是定名人林奈（Linnaeus）姓氏的缩写。

植物拉丁学名的撰写要求属名首字母要大写，常采用名词，与植物形态、植物产地拉丁化音译、植物用途、植物习性、神话传说或人名有关，如厦门市市树凤凰木 *Delonix regia* (Boj.) Raf. 的属名 *Delonix* 来源于 17 世纪法国圣克里斯多夫（圣基茨）总督（Phillippe de Longvilliers de Poincy）的姓氏；种名，又称种加词，多为形容词，全部字母小写，常与植物的产地、人名和形态等有关，凤凰木的种加词 *regia* 意为"属于国王的"，引申为高贵等含义，单蕊羊蹄甲 *Bauhinia monandra* Kurz 的种名就是雄蕊的意思，属名和种名都需要斜体；种下等级词的缩写要正体，如变种 varietas 的缩写词 var. 需要正体；命名人正体，首字母要大写。

园林植物分类

园林植物主要包括蕨类植物、裸子植物和被子植物。被子植物又包括双子叶植物和单子叶植物，它们两者的区别见表 1-2。园林植物目前主要采用植物形态和进化关系进行分类的方法，即系统分类法（Phylogenetic classification）。其中蕨类植物国内常采用秦仁昌院士提出的分类系统，将蕨类植物划分为松叶蕨（Psilophytina）、石松（Lycophytina）、水韭（Isoephytina）、楔叶蕨（Sphenophytina）和真蕨（Filicophytina）5 个亚门，真蕨亚门中分为厚囊蕨（Eusporangiopsida）、原始薄囊蕨（Protoleptosporangiopsida）和薄囊蕨

（Leptosporangiopsida）3 个纲。裸子植物国内常采用郑万钧院士提出的分类系统，主要包括苏铁纲（Cycadopsida）、银杏纲（Ginkgopsida）、松杉纲（Coniferopsida）和买麻藤纲（Gnetopsida）。梅尔希奥提出松杉纲中的红豆杉目（Taxales）由于形态特殊，应该独立成为红豆杉纲（Taxopsida）。

表 1-2　单子叶和双子叶植物的区别

被子植物	根	子叶	叶脉	花基数	维管束排列方式	常见种类
双子叶植物	主要直根系	2	网状叶	4 或 5	环状排列	玫瑰 *Rosa rugosa* Thunb.
单子叶植物	主要须根系	1	平行叶	3	散状排列	萱草 *Hemerocallis fulva* (L.) L.

被子植物是园林植物中主要的观赏种类，目前国内常采用克朗奎斯特系统（Cronquist system），该系统是由美国植物学家克朗奎斯特于 1981 年提出，后面由美国马里兰大学的詹姆斯修订过，在木兰植物门（Magnoliophyta）下由木兰纲（Magnoliopsida）和百合纲（Liliopsida）构成。其中木兰纲是双子叶植物，由木兰亚纲（Magnoliidae）、金缕梅亚纲（Hamamelidae）、石竹亚纲（Caryophyllidae）、五桠果亚纲（Dilleniidae）、蔷薇亚纲（Rosidae）和菊亚纲（Asteidae）组成，百合纲是单子叶植物，由泽泻亚纲（Alismatidae）、槟榔亚纲（Arecidae）、鸭跖草亚纲（Commelinidae）、姜亚纲（Zingiberidae）和百合亚纲（Liliidae）组成。少数采用哈钦松系统（Hutchinson system）和恩格勒系统（Engler system），个别采用较新的基于分子证据和分支系统学方法建立的 APG（Angiosperm Phylogeny Group）分类系统（http://www.mobot.org/MOBOT/research/APweb）。APG 分类系统能够更自然地反映物种间的进化关系，目前已经更新到第 4 版本 APG Ⅳ，该系统主要包括基部类群、木兰类、金粟兰类、单子叶类（单子叶基部群和鸭跖草群等）、金鱼藻类、真双子叶类中的真双子叶基部群、核心真双子叶基部群、超级蔷薇类基部群和蔷薇群（豆和锦葵支）、超级菊类基部群、菊群（唇形和桔梗支），以及所有类群涵盖的目。但是该系统与主要基于形态和地理学证据建立起来的其他传统分类系统有很大的差异。

本书园林植物主要内容包括蕨类植物、裸子植物和被子植物，裸子植物和被子植物根据不同生活型（乔木类、灌木类、草本类和藤本类）及花瓣颜色进行分类。乔木类（trees）是多年生直立的植物，木质部发达，具有明显的主干，高度达 3 米及以上木本植物。灌木类（shrubs）是丛生状态，无明显主干，高度 3 米以下的木本植物。草本类（herbals）是茎草质化的植物。藤本类（vines）是依靠变态茎（卷须、吸盘、钩刺等）攀附在其他支撑物上，用于园林垂直绿化的植物。

园林植物形态

园林植物主要来源于有胚的高等植物，有少量蕨类和苔藓植物，主要包括种子植物（裸子植物和被子植物），有根、茎和叶的分化，花和果实的观赏性较高。下面将分别介绍易于徒手解剖和观察的园林植物营养和生殖器官的主要特点，以及相对应的形态术语。

一、营养器官的形态

（一）根

1. 根的作用及分类

根是支撑植物体，吸收水分和养分的器官。根据其生长的情况，可以分为主根、须根、不定根和侧根等，被子植物中单子叶植物一般是须根，双子叶植物一般具主根。根据其生活史长短，也可以分为一年生、二年生和多年生的根。根据根生长方式和功能的不同，可以分为气生根（榕树 *Ficus microcarpa* L. f.）、寄生根（菟丝子 *Cuscuta chinensis* Lam.）和支撑根（甘蔗 *Saccharum officinarum* L.）等。

2. 变态根

有些园林植物为了适应不同的环境，根的形态、结构和功能上都发生了变化，称为变态根，也具有观赏的效果。例如，裸子植物的落羽杉 *Taxodium distichum* (L.) Rich.，在主干周围会长出膝状呼吸根，解决缺氧的问题。菌根是植物的根与土壤真菌形成的共生体。根据真菌对植物皮层细胞浸染的位置，可分为外生菌根和内生菌根。根瘤则是豆科植物与根瘤细菌的共生体，植物的根与菌形成协同互作的关系。因此，施用外生菌能促进马尾松 *Pinus massoniana* Lamb.、黑松 *Pinus thunbergii* Parlatore 和湿地松 *Pinus elliottii* Engelmann 出苗和根系的生长。

（二）茎

1. 茎的作用及分类

茎是着生叶、花和芽的器官。茎上有节，不同植物的节间长度有差异，即使同一种植物在不同水肥条件之下，节间长度也可能存在变化。叶与茎之间的位置是叶腋，常是芽和花柄着生的位置。芽根据着生位置可以分为顶芽和腋芽。例如，棕榈科植物大王椰 *Roystonea regia* (Kunth.) O. F. Cook 有顶芽，有顶端生长优势，叶片集中生长在茎顶端，因此，不能进行顶端叶片的修剪，否则会导致植物死亡。而腋芽较多的朱槿耐修剪，易于产生分枝。茎根据生长方式，有直立、匍匐和攀缘等类型。

2. 变态茎

茎也有各种变态茎，常见有根状茎、匍匐茎、块茎、鳞茎、叶状茎及卷须等。园林宿根花卉常具有根状茎，例如，天蓝绣球 *Phlox paniculata* L.，适应性强，一次种植，可供多年观赏。

（三）叶

1. 叶的作用及组成

叶是制造营养和控制水分的器官。具有叶片、叶柄和托叶的叶称为完全叶，缺少一部分或两部分的叶就叫不完全叶。例如，华南地区的造林树种台湾相思 *Acacia confusa* Merr. 的叶子就是不完全叶，见到类似叶子的器官，实际是叶柄，真正的叶子在幼年时就脱落了。托叶是着生在叶柄基部的附属物，形状各异，有针形、鳞片形、圆形和三角形等。

2. 叶的形态及叶序

根据叶片着生的位置，有单叶和复叶（叶柄和叶轴上着生 2 片及以上的叶片）之分，常见复叶有羽状和掌状复叶，例如，叶如羽状的凤凰木，叶如掌状的美丽异木棉 *Ceiba speciosa* (A. St.-Hil.) Ravenna。

园林植物的叶片形状各异，常见叶形如下。

- 针形叶包括以松科松属为代表的种类，如马尾松。
- 条形叶包括裸子植物为代表的罗汉松 *Podocarpus macrophyllus* (Thunb.) Sweet。
- 鳞形叶包括裸子植物为代表的龙柏 *Juniperus chinensis* 'Kaizuca'。
- 掌状叶是叶片裂片呈掌状排列，如梧桐 *Firmiana simplex* (L.) W. Wight。
- 圆形叶是常见叶形，如野天胡荽 *Hydrocotyle vulgaris* L.。
- 心形叶是豆科羊蹄甲属常见叶形，如宫粉羊蹄甲 *Bauhinia variegata* L.。
- 奇异形叶是指叶形奇特，具有很强的观赏效果的叶子，如银杏 *Ginkgo biloba* L. 的扇形叶，鹅掌楸 *Liriodendron chinense* (Hemsl.) Sarg. 的叶截形，似马褂，叶上花 *Ruscus hypoglossum* L. 在叶表和叶背着生花。

叶缘全缘或具不同形态的齿，如波状齿、钝齿和锯齿等。叶排列的方式称叶序，常见有对生、互生、基生、簇生或轮生等。

3. 变态叶

叶可以变态为刺或卷须等，是进化上的适应，也使园林植物的形态各异。例如，热带和亚热带的景观多肉植物——仙人掌 *Opuntia dillenii* (Ker Gawl.) Haw. 的刺就是变态叶。着生于花或花序下面的变态叶称苞片，是园林植物的重要观赏部位。例如，深圳和厦门等市花光叶子花 *Bougainvillea glabra* Choisy 的苞片颜色各异，在园林中应用广泛。

二、生殖器官的形态及观赏特点

园林植物的花和果实是重要的生殖器官和观赏部位，可以徒手解剖，观察以下各部分的特点。

（一）花

1. 花的作用及组成

花是园林植物重要观赏部位和生殖器官。花是由花瓣（petal）、花萼（sepal）、雄蕊（stamens）、雌蕊（pistils）、花柄（pedicel，支持花的部分）和花托（receptacles，花柄顶端部分）构成（图1-1）。

图1-1 花的组成

在某些植物类群中，花萼、花瓣形态不易区分，统称为花被。雄蕊是由花丝和花药构成。雄蕊的着生位置有彼此分离的单生雄蕊，也有合生的单体雄蕊、二体雄蕊、多体雄蕊和聚药雄蕊等。根据雄蕊的位置、数量和长短，又可以分为离生雄蕊、二强雄蕊、四强雄蕊和五强雄蕊等（图1-2）。

图1-2 雄蕊的类型

雌蕊是变态叶形成的心皮（carpel），是由顶端的柱头（stigma）、基部的子房（ovary）和花柱（style）构成。胚珠着生在子房里的方式不同，形成各种胎座：中轴胎座、侧膜胎座、特立中央胎座、边缘胎座、基生胎座或顶生胎座等（图 1-3）。

图 1-3　胎座的类型

2. 花和花冠（corolla）类型

根据不同的划分标准，有不同的花类群。具有上述结构的花称为完全花（complete flower），缺少一种或几种结构的花称为不完全花（incomplete flower）。具有雌蕊和雄蕊的花是两性花（bisexual flower），缺少雌蕊或雄蕊的花叫单性花（unisexual flower）。

花瓣根据不同的着生和排列方式，会形成不同的花冠类型，利于识别和观赏。常见花冠如下（图 1-4）。

●蝶形花冠是豆科常见的花冠类型，由顶端最大的旗瓣、两侧较小的 2 枚翼瓣和基部合生的龙骨瓣组成，如鸡冠刺桐。

●唇形花冠是唇形花科常见的花冠类型，花瓣常合生，形成上唇和下唇，并且由不同的裂片构成，如五彩苏 Coleus scutellarioides (L.) Benth.。

●舌状花冠是菊科常见的花冠类型，花冠基部呈筒状，顶部呈舌状，如百日菊 Zinnia elegans Jacq.。

●高脚蝶状是花冠基部呈筒状，顶部扩展呈水平状，如长春花 Catharanthus roseus (L.) G. Don 和水仙 Narcissus tazetta subsp. chinensis (M. Roem.) Masamura et Yanagih.。

图 1-4　花冠的类型

3. 花序特点

花单独生长或是按照顺序排列于花序轴上形成花序。根据花序轴上开花的顺序，可以分为无限花序和有限花序。无限花序是花从花序轴由下至上或边缘到中心开放。有限花序则是从花序轴顶端至下或中心到边缘开放（表1-3）。

表1-3 主要花序及特点

类型	花序名称	特点	举例
无限花序	总状花序	有花柄	山梅花 *Philadelphus incanus* Koehne
	伞形花序	花柄近等长，花柄基部有共同顶点	非洲芙蓉 *Dombeya wallichii* (Lindl.) Benth. ex Baill.
	伞房花序	花柄不等长，花柄基部没有共同顶点	番木瓜 *Carica papaya* L.
	穗状花序	花多数，且无花柄	桑 *Morus alba* L.
	葇荑花序	花多数，且无花柄，总花轴下垂	垂柳 *Salix babylonica* L.
	肉穗花序	花多数，且无花柄，总花轴下垂，总花轴肉质，具苞片	红掌 *Anthurium andraeanum* Linden. ex André
	头状花序	花密集在总花托上，呈头状	菊花 *Chrysanthemum morifolium* Ramat.
	隐头花序	花聚生在肉质总花托上	无花果 *Ficus carica* L.
有限花序	单歧聚伞花序	花轴的顶芽发育成花后，其下形成一侧枝和花	唐菖蒲 *Gladiolus gandavensis* Van Houtte
	二歧聚伞花序	花轴的顶芽发育成花后，其下形成两个分枝和花	冬青 *Ilex chinensis* Sims
	多歧聚伞花序	主轴顶花下分出3数以上的分枝和聚伞花序	红背桂 *Excoecaria cochinchinensis* Lour.

以上的无限花序和有限花序的花序轴不分枝，称为简单花序。如果花序轴分枝，称为复合花序。常见的复合花序有圆锥花序（复总状花序），即每一分枝为一总状花序，整个花序呈圆锥形，如酒瓶椰子 *Hyophorbe lagenicaulis* (L. H. Bailey) H. E. Moore。蝎尾状聚伞花序，如唐菖蒲 *Gladiolus gandavensis* Van Houtte 的花序（图1-5）。

| 总状花序 | 伞形花序 | 伞房花序 | 穗状花序 | 葇荑花序 | 肉穗花序 |
| 头状花序 | 隐头花序 | 单歧聚伞花序（螺状） | 单歧聚伞花序（蝎尾状） | 二歧聚伞花序 | 多歧聚伞花序 |

图1-5 花序的类型

(二)果实

1. 果实的作用及组成

植物开花受精后子房或其他部位共同形成果实。果实主要由外果皮(exocarp)、中果皮(mesocarp)、内果皮(endocarp)和种子(seed)构成。

2. 果实的种类及特点

由一个子房或心皮形成的果实称为单果。由整个花序形成的果实称为聚花果,如桑 *Morus alba* L.。花内若干离生心皮构成的果实称为聚合果,如紫玉兰 *Yulania liliiflora* (Desr.) D. L. Fu。

根据果实是否开裂和果肉类型,分为不开裂的肉果,以及开裂和不开裂的干果。

常见肉果有多汁的浆果,如葡萄 *Vitis vinifera* L.;柑橘类以中轴胎座为代表的柑果,如柑橘 *Citrus reticulata* Blanco;除子房外,还有其他花组成部分参与果实发育,如葫芦科的瓠果西瓜 *Citrullus lanatus* (Thunb.) Matsum. et Nakai 和蔷薇科的梨果木瓜 *Chaenomeles sinensis* (Thouin) Koehne;内果皮坚硬并含有种子的核果,如盐肤木 *Rhus chinensis* Mill.。

开裂的干果包括单心皮上位子房形成的豆科荚果,如单蕊羊蹄甲;不开裂干果包括果皮和果肉愈合不能分离的禾本科颖果,如稻 *Oryza sativa* L.;果皮和果肉不易分离的瘦果,如糯米条 *Abelia chinensis* R. Br.,菊科植物常具瘦果;具翅的翅果,如鸡爪槭 *Acer palmatum* Thunb.;以及常见造林树种中壳斗科中由总苞变形发育的坚果,如栗 *Castanea mollissima* Blume(图1-6)。

图 1-6　果实的类型

园林植物识别方法

学者们预估世界约有 450 000 种植物,按照其形态特点和繁殖方式的不同,可以分为藻类植物、苔藓植物、蕨类植物和种子植物(裸子植物和被子植物)。而中国作为全球植物多样性最丰富的国家之一，大约有 39 188 种高等植物，其中被子植物 32 708 种，裸子植物 291 种（《中国生物物种名录》2022 版），约占世界总数的 10%。中国不仅是许多重要农作物和果树资源的原产地，也是世界上栽培植物和园林花卉植物资源最丰富的国家之一。我们的祖先早在 2 000 余年前就开始认识植物并加以利用，如《神农本草经》，共记录植物药 365 种，是中国最早的本草书。明朝李时珍的《本草纲目》收集药物 1 892 种，将植物分成草部、谷部、菜部、果部和木部，每部又分成若干类，如草部分成山草、芳草、湿草、毒草、蔓草、水草、石草、苔草和杂草等。清朝吴其濬的《植物名实图考》一书记载了我国 1 714 种植物，分为谷、蔬、山草、湿草、水草、蔓草、芳草、毒草等 12 类。

以上人为分类法，主要是从植物应用角度和生长环境出发，采用植物墨线图，因此，没有相关植物学经验的人们很难真正识别书中植物。而在 17 世纪后，植物的形态解剖特征逐渐被学者认识并被作为分类的依据。在本书中，我们结合植物形态特征，通过徒手解剖和解剖镜下观察的图片，使用简洁的说明（植物术语），引导读者重点观察叶、花和果实等的解剖特征，采用远观植物的形态，近观其叶、花和果的形态特征与辨别植物味道，触摸植物叶片或花瓣特有的质感，从而达到识别植物的目的，最后结合其园林植物用途和植物配置图，帮助大家深入认识园林植物。

一、植物识别观察方法

园林植物是种植于城市园林绿地或风景区的观赏植物。多数园林植物的根是向土壤伸长的，虽然不利于观察，但是生长在特殊环境中的根却是识别的重要依据和观赏部位。例如，生长在地面上榕树的气生根独木成林，伸入寄主的菟丝子寄生根可以维持其寄生生活。

我们远观园林植物时，明确其生活型（乔木类、灌木类、草本类和藤本类），观察茎的形态和大小，是认识园林植物的关键。茎是着生叶和花等器官的轴，其中乔木与灌木是地面部分木质部发达的植物。乔木是多年生直立，具有明显的主干，高 3 米以上的植物。而灌木是没有明显的主干或是基部多个主干，低于 3 米的植物。草本植物则是地上部分非木质化，开花结果即枯萎死亡的植物，茎叶较柔软，植株较低矮。藤本类则是茎变态不能直立的植物。

叶片是园林植物的重要营养器官，由于受环境的影响，叶形态变化较大，可以作为识别的辅助特征。首先，观察叶的类型，是单叶还是复叶，其中单叶是一个叶柄上只着生一片叶，如陆地棉 *Gossypium hirsutum* L. 和桃 *Prunus persica* L.，而复叶则是叶柄上着生 2 片或 2 片以上完全独立的叶片，如掌状复叶的木棉 *Bombax ceiba* L. 和单身复叶的柑橘 *Citrus reticulata* Blanco 等。其次，观察叶的排序方式（叶序）、叶片的形态和颜色、叶脉的排列方式及叶柄的长短等。

根、茎和叶的形态特征易受环境条件的影响而发生变化，而花和果实作为植物的繁殖器官，结构特征比茎叶更为稳定，因此，也是研究被子植物分类鉴定的重要依据。其中，花期和花色是园林植物配置中关注的对象，利于打造季相分明的植物景观。首先，观察花和果实的类型和形态，不同科属植物具有不同类型的花和果实，如菊科植物有头状花序和颖果，木兰科植物花被片多枚，心皮和雄蕊多，形成聚合的蓇葖果（翅果），天南星科植物有佛焰苞和聚花果等。其次，可以尝试徒手解剖植物花的各部位，不仅了解花瓣、雄蕊和雌蕊的数量，而且可以观察花瓣、雌花、雄花和胚珠（种子）的相互着生位置，以及花序和胚珠（果实）的排列方式。最后，通过观察园林植物，了解其花果期和花果色，利于植物识别和植物景观的打造。接下来我们将以变豆菜属（*Sanicula*）植物为例，一起踏上植物识别之路，深刻理解掌握植物形态特征的重要性。

变豆菜属植物种类丰富，分布广泛，目前全世界有 40 余种，是典型的北温带广布型属，属于东亚—北美间断分布类型和北极第三纪古老区系成分。根据分子证据，该属是 1.5 亿年前至 500 万年前分化形成，是伞形科（Apiaceae）中重要的原始类群，是一年生或多年生的草本植物。中国是该属在亚洲的分化中心，有 21 种，5 变种，中国特有种 11 种。大多数种类分布在林下阴湿的环境中，集中于华中至西南地区。

该属植物是重要的林下植物，花色各异，有白色、紫色和蓝色等，喜湿和喜阴，可以作为园林水景和花境材料的来源。目前科研工作者已对国外欧洲变豆菜 *S. europaea* L. 和国内薄片变豆菜 *S. lamelligera* Hance 进行了野生花卉的引种驯化工作。

变豆菜属植物较早在《救荒本草》中有形态特征的记载"变豆菜生辉县荒野中，叶似地牡丹极大，又锯齿尖，其后叶中分生茎叉，梢叶颇小，上开白花，其叶味甘……"并且该属中很多种类是中国传统的药用种类，其中薄片变豆菜是著名的民族药，又称肺经草、散血草和血经草等，具有散寒止咳和行血通经的功效，常用于治疗风寒咳嗽和妇女经闭腰痛等。鳞果变豆菜 *S. hacquetioides* Franch. 也是中国地方药材，全草或根入药，有止咳化痰、活血化瘀等功效，且在植物学家单人骅先生对变豆菜属植物的分类中，鳞果变豆菜为刺瘤果组的成员，是该属原始的物种，保留了原始的形态特征。因此，对其形态特征的识别，利于药材的正本清源和对变豆菜属植物分类特征的掌握。

鳞果变豆菜产于云南、四川、贵州及西藏等省区，生长于空旷草地、山坡路旁、林下及河沟边草丛中，其模式标本采自云南。该种生境（图 1-7）拍摄于云南省香格里拉市格咱乡小雪山冷杉林下潮湿有苔藓的地方，海拔为 3 815 米，东经 99°44′13.94″，北纬 28°19′9.08″，凭证标本见图 1-8。

鳞果变豆菜株高 20 厘米左右；根状茎短，侧根纤细（图 1-9a）。茎直立且不分枝，多呈绿色或淡紫色。具透明的膜质鞘（图 1-9b）。叶片圆形或心状圆形，长 1～3.5 厘米，宽 2～7 厘米，两面无毛，掌状 3 深裂，中间裂片宽倒卵形，基部楔形，顶端截平或略带圆形，3 浅裂，侧面裂片菱状倒卵形，2 浅裂至深裂，所有裂片的边缘有细锯齿（图 1-9c）。伞形花序顶生，不分枝；总苞片 2～3，叶状、对生、无柄，长 1～1.5 厘米，宽 0.5～1 厘米，3 深裂、裂片倒卵形或倒披针形，边缘有少数锯齿；伞辐 3～4，近等长，长

0.5~2.5厘米；小总苞片约10，披针形或卵状披针形；小伞形花序有花10~15（图1-9d）；雄花9~14；花柄长约2毫米（图1-9e）；萼齿3~4，宽卵形或倒卵形，顶端突尖（图1-9f）；雄花中雄蕊5，花药黑色或紫色，花丝2~2.5毫米，花瓣白色或淡粉红色，倒卵形，长约1.5毫米，宽1毫米，基部狭窄如柄，顶端向内深凹，呈耳廓状（图1-9g至图1-9i）；两性花通常1~3（图1-9j）；花柱2，并向外反曲（图1-9k）。果实宽卵形或圆球形，长2~2.5毫米，宽2.5~3毫米，表面为鳞片状和瘤状突起，下部有时全缘或呈瘤状突起，上部很少延伸成短尾状，但决不成皮刺（图1-9l）。花果期5—9月。

二、检索法

通过前面内容的学习，我们知道了园林植物鉴定的重要性，明确了正确的拉丁学名有利于更好的交流和研究，并且通过掌握该植物由远及近的形态特点，熟悉常见术语，我们就可以使用中国高等植物科属检索表进行鉴定该植物的分类位置，是归属于蕨类、裸子还是被子

图1-7 鳞果变豆菜 *S. hacquetioides* Franch 生境

图1-8 鳞果变豆菜 *S. hacquetioides* Franch 腊叶标本

a—整株植物；b—茎；c—叶片（正反面）；d、e—花序；f—萼片；g—雄花；h—雄蕊；
i—花瓣；j—两性花；k—子房+柱头；l—果实。

图1-9 植物形态

植物门，并且在各自的门下检索出归属的科和属，以及利用在线的中国植物志，在属的检索表中检索出种。工具书中常采用定距检索表，它是利用18世纪法国生物学家拉马克提出的二歧分类原理编制，利用植物相对应的分类性状。因此，每个分类性状的编号是有相同的两个号，通过逐级分类检索出植物的分类阶元。例如，鳞果变豆菜由于茎和花序不分枝，并且花序顶生，叶片浅裂 3～5，总苞片短于伞形花序，果实有鳞片状突出，可以快速在该属的检索表中检索出该种的名称。

正确使用植物检索方法的关键是认真反复观察植物不同季节的形态特征，掌握正确的植物术语，才能真正检索出植物的分类位置。

然而，植物形态特征常受环境的影响，出现形态特征的可塑性，同一物种在不同生境中，营养器官的特征出现多样性，因此，我们仅根据形态特征，很难鉴定出该植物的系统位置，需要采用更多的分子手段去鉴定疑难物种。

园林植物常见网络资源及配置原则

通过工具书鉴定植物常是专业人士采用的方法，我们一般可以利用网络资源进行园林植物的鉴定和拓展对植物的相关认识，常见的资源如下。

一、中国植物分类资源常用网站

1. 植物智

植物智是基于《中国植物志》、中国植物图像库、花伴侣智能识别体系整合打造的植物智慧信息系统，提供植物物种百科、图库、植物志、标本、专题、分布、识别和 App 等相关信息和工具。

2. 国家标本资源共享平台（National Specimen Information Infrastructure，NSII）

NSII 是科学技术部认定并资助的 28 个国家科技基础条件平台之一，汇集了植物、动物、岩矿化石和极地标本数字化信息的在线共享平台。包括动植物标本信息和图片、植物精细解剖和活体植物信息及图片库植物地理分布查询平台、植物综合检索平台等专题数据库，也涵盖植物术语表的检索功能。

3. 中国自然标本馆（Chinese Field Herbarium，CFH）

CFH 是中国最大的植物学专业图库，收录植物照片总数 1 900 多万张，可以使用物种中文名及俗名进行检索，建立了物种信息卡，包括物种学名接受时间、异名、别名和物种在不同分类系统中的系统位置。

二、国外植物分类资源常用网站

1. 被子植物系统发育网站（Angiosperm Phylogeny Website）

该网站是利用 DNA 序列证据来重建植物类群的系统发育关系。

2. 世界植物在线（Plants of the World Online）

该网站持续更新，通过搜索框，输入你感兴趣的科名、属名或者物种名，可以查找到科、属和种的详细描述，有图片、标本、分布、接受的拉丁学名和异名等信息。

3．世界维管束名录（The World Checklist of Vascular Plants）

该网站可以查询目前已知维管植物种类（开花、针叶、蕨类和石松类植物等）的植物名称，包括所有的异名和目前接受的拉丁学名。

三、植物识别常用资源

1．花伴侣 App

拍照识花利器，只需要拍摄常见植物的特征部位，即可快速识别植物，它是以中国植物图像库图片资源为基础，由中国科学院植物研究所联合鲁朗软件开发的植物识别应用的 App。

2．形色 App

以中国自然标本馆、中国科学院植物研究所和上海辰山植物园图片资源为鉴定依据。并且识别结果不确定时，会给出几个根据相似度高低排名的选项。形色 App 不仅是识花助手，而且还可以生成拍摄植物的花语和有诗词的植物美图，也有识别植物互动的专题栏目。

3．微软识花 App

由微软亚洲研究院携手中国科学院植物研究所和科学出版社联合研发的 App，不仅有花伴侣和形色 App 的识别功能，而且会展示来源于《中国植物志》与鉴定植物相关的信息。

4．百度识图

通过用户上传植物图片，可以在网络上搜索到类似的图片。

四、植物识别相关的微信公众号

1．国家植物标本资源库（National Plant Specimen Resource Center, NPSRC）

NPSRC 是科技部和财政部批准的国家科技资源共享服务平台之一，资源库的定位和愿景是立足中国、放眼世界，通过宏观布局和精准收集，全面提升实体馆和数字平台的收藏量、代表性、管理水平和共享服务能力，建成具有核心竞争力和不可替代性的世界一流植物标本资源库。

2．上海辰山植物标本馆（Chenshan Herbarium, CSH）

野外植物综合考察技术支持、腊叶标本查询与鉴定。

五、中国主要的植物分类学期刊

1．植物分类学报（Journal of Systematics and Evolution）

中国植物分类学权威刊物，中国科学院植物研究所和中国植物学会主办的双月刊英文期刊。收录新分类群、类群分类修订和专著和分子系统学等方面的分类学相关文章。

2．植物多样性（Plant Diversity）

中国科学院昆明植物研究所主办的双月刊，并接受中文和英文稿件。收录植物系统学和分子生物学等方面的分类学相关文章。

3. **西北植物学报**（*Acta Botanica Boreali-Occidentalia Sinica*）

西北植物研究所主办的中文月刊。收录植物解剖学和植物分类学相关的文章。

4. **植物研究**（*Bulletin of Botanical Research*）

黑龙江省植物学会主办的中文双月刊。收录新分类群和植物系统学等方面的分类学相关文章。

5. **台湾博物馆学刊**（*Annual of the "National" Taiwan Museum*）

台湾博物馆主办的季刊，并接受中文和英文稿件。收录植物分类学方面相关文章。

六、国外主要的植物分类学期刊

1. **美国植物学期刊**（*American Journal of Botany*）

美国植物学会主办的英文月刊。收录植物分类相关文章，涉及陆地植物和地衣等植物类群。

2. **密苏里植物园年鉴**（*Annals of the Missouri Botanical Garden*）

美国密苏里植物园主办的英文季刊。收录植物系统学等方面的分类学相关文章。

3. **澳大利亚系统植物学**（*Australian Systematic Botany*）

澳大利亚国家标本馆主办的英文双月刊。收录植物分类学方面的相关文章。

4. **林奈植物学会的植物学杂志**（*Botanical Journal of the Linnean Society*）

英国林奈学会主办的英文月刊，是英国著名的分类学刊物。收录形态学、系统发育及新分类群或系统修订的分类学方面的相关文章。

5. **北欧植物学杂志**（*Nordic Journal of Botany*）

芬兰动植物出版委员会主办的英文双月刊。收录植物分类学方面的相关文章。

6. **分类杂志**（*Taxon*）

国际植物分类学委员会主办的英文双月刊，属于世界性杂志，编辑部随着主编所在地发生变化，曾设在荷兰、奥地利和德国等地。收录植物分类学方面的相关文章。

七、园林植物配置原则

园林植物识别是做好园林工程的前提，园林植物配置是园林工程中的核心，它是将不同的植物根据不同的园林布局需求，进行科学种植，使植物与周围环境相协调的园林工程内容。我们可以收集植物种类介绍、植物栽培应用和植物景观的网络资源，深入认识植物的观赏特点、栽培要点和应用情况；并且收集植物配置的实景案例图，利于模仿学习。

木藕设计网（重庆木藕文化传媒有限公司）是中国专业的景观在线媒体平台，该网站致力于传播全球优秀设计理念，聚焦景观设计行业，成立至今已发布来自全球 61 个国家 522 家优秀设计公司的授权作品，内容涵盖景观的各个领域。

Hhlloo 是国际知名设计媒体景观邦运营的设计美学分享展示平台，该网站目前已收录来自世界各地 600 余家企业众多优秀作品，专注于传播高品质的设计内容与服务，以"全球顶尖设计分享"为理念，传播全球最具魅力的设计产品，为全球设计机构及设计师创造一个开拓视野、促进交流、提炼总结和宣传报道的优势平台。

谷德是中国受欢迎的建筑、景观和设计门户与平台，该网站与全球 7 500 余家企业与机构保持良好的官方合作，坚信设计与创意将使所有人受益，真诚助力设计与创意去改变世界和造福世界。

在具体植物配置过程中应该注意以下原则。

1. 经济与功能的匹配

园林工程的预算高低决定植物配置种类的数量和规格，同时需要兼顾用地的功能，如生态停车位植物配置，适宜采用遮阴的耐修剪的乔树和灌木的搭配，同时地面采用透气砖。

2. 科学与艺术的统一

园林植物的艺术性必须与科学配置相统一，做到适地适树，倡导利用乡土树种，注重乔木、灌木和草本的立体复合配置，构建稳定的植物生态群落，避免单一种类重复的使用，从而实现园林植物绿化形式美、四季色彩美和空间意境美的艺术效果。

3. 短期和长期的统筹

园林植物的配置必须做到短期和长期的统筹，考虑植物成形的冠幅及生存空间，在配置之前即按照植物成形规格种植，为了避免只追求见效快，配置间距不当的情况出现，在日常养护管理中，需要对种植不当的苗木进行疏苗管理。

八、园林植物配置策略

为了更好地贯彻园林植物的配置原则，我们需要采用适宜的策略，保证植物配置能够产生最佳效果。

1. 种植规范

注意植物空间配置关系，保证植物点、线、面景观效果，同时苗木的规格、种植的要求和构筑物的距离等，也应该满足相关规范要求。

2. 形式多样

可以采用规则和自然式的植物配置方式，具体体现在苗木配置可以分为孤植、对植、列植、丛植、群植和林植等。

3. 多样统一

配置形式多样，但是必须兼顾多样统一，保证植物色彩、体量和环境的统一协调，形成完整的特色植物景观。

第二章
园林植物物种识别

根据园林植物的不同生活型和花的颜色进行分类，重点介绍植物的名称、分类地位（科、属和种名）、重要识别要点和物候期。

乔木　花白色

01 盆架树 *Alstonia rostrata* C. E. C. Fischer

科　属｜夹竹桃科 Apocynaceae 鸡骨常山属 *Alstonia*
别　名｜灯架、面盆架和盆架子。
物候期｜花期 4—7 月；果期 8—12 月。

重要性状图示

图 1　常绿乔木；
图 2　叶 3~4 片轮生，间有对生，薄草质，长圆状椭圆形；
图 3　花顶生聚伞花序；
图 4　花冠裂片广椭圆形，白色；
图 5　花萼裂片卵圆形，被微柔毛；
图 6　雄蕊着生在花冠筒中部；
图 7　花药顶端不伸出花冠喉外；
图 8　花柱圆柱形，柱头棍棒状；
图 9　子房由 2 枚合生心皮组成；
图 10　蓇葖果；
图 11　种子长椭圆形，扁平。

02 酒瓶椰子 *Hyophorbe lagenicaulis* (L. H. Bailey) H. E. Moore

科　属｜棕榈科 Arecaceae 酒瓶椰属 *Hyophorbe*
别　名｜饱茎亥佛棕、酒瓶椰、酒瓶棕。
物候期｜花期 8 月；果期翌年 3—4 月。

重要性状图示

图 1　常绿乔木状；
图 2　茎单生，茎干膨大似酒瓶；
图 3　小叶片条形，中脉显著，叶基部扭曲，羽状叶排成 2 列；
图 4　雌雄同株，单性花，本图是雌花穗状花序，聚集形成圆锥花序；
图 5　花萼白绿色，3 枚，柱头 3 裂；
图 6　果序；
图 7　浆果卵圆形。

第二章 园林植物物种识别

乔木

023

03 盐麸木 *Rhus chinensis* Mill.

科　属｜漆树科 Anacardiaceae 盐麸木属 *Rhus*
别　名｜盐肤木、五倍子和红叶桃。
物候期｜花期 8—9 月；果期 10 月。

🌿 重要性状图示

图 1　小乔木；
图 2　奇数羽状复叶，小叶椭圆形，叶轴具翅，叶缘具齿；
图 3　圆锥花序；
图 4　花纵切，花两性，花瓣离生，白色，基部有毛，雄蕊短，上位子房；
图 5　果序，核果球形，红色；
图 6　核果，披毛。

❶

第二章 园林植物物种识别

乔木

025

乔木　花黄色

04 本可樱 *Bunchosia dwyeri* Cuatrec. & Croat

科　属｜金虎尾科 Malpighiaceae 林咖啡属 *Bunchosia*
别　名｜花生牛奶果。
物候期｜花期 5—6 月；果期 6—7 月。

◎ 重要性状图示

图 1　小乔木；
图 2　叶卵形，叶尖急尖，叶缘波状，羽状网脉；
图 3　总状花序；
图 4　花瓣黄色，具柄，边缘有齿；
图 5　上位子房；
图 6　浆果。

乔木

05 番木瓜 *Carica papaya* L.

科　属｜番木瓜科 Caricaceae 番木瓜属 *Carica*
别　名｜万寿果、木瓜和番瓜。
物候期｜花果期全年。

🌱 重要性状图示

图 1　常绿软木质小乔木；
图 2　叶大，羽状分裂，聚生于枝顶；
图 3　雌花排列成伞房花序；
图 4　花冠乳黄色，合生成管状；
图 5　浆果肉质，成熟时橙黄色或黄色，长圆球形。

❺

06 盾柱木 *Peltophorum pterocarpum* (DC.) Baker ex K. Heyne

科　属｜豆科 Fabaceae 盾柱木属 *Peltophorum*
别　名｜双翅果、双翼豆和黄楹。
物候期｜花期 7—10 月；果期 8—11 月。

🌀 重要性状图示

图 1　落叶乔木；
图 2　二回羽状复叶，小叶无柄，叶面深绿色，叶背浅绿色；
图 3　圆锥花序，花果同期；
图 4　花瓣褶皱不平展，萼片外翻；
图 5　花冠背面，花瓣 5 枚，中央密被锈色茸毛，萼片 5，被有锈色茸毛；
图 6　花柱盘状，子房有柄，上位子房，下位花，花萼基部密被锈色茸毛；
图 7　花各部分解剖，花瓣倒卵形具长柄，花瓣和花萼各 5 枚，雄蕊 10 枚；
图 8　荚果具翅，褐色，扁平，纺锤形，先端尖；
图 9　荚果横切，未成熟种子呈浅绿色。

第二章 园林植物物种识别

乔木

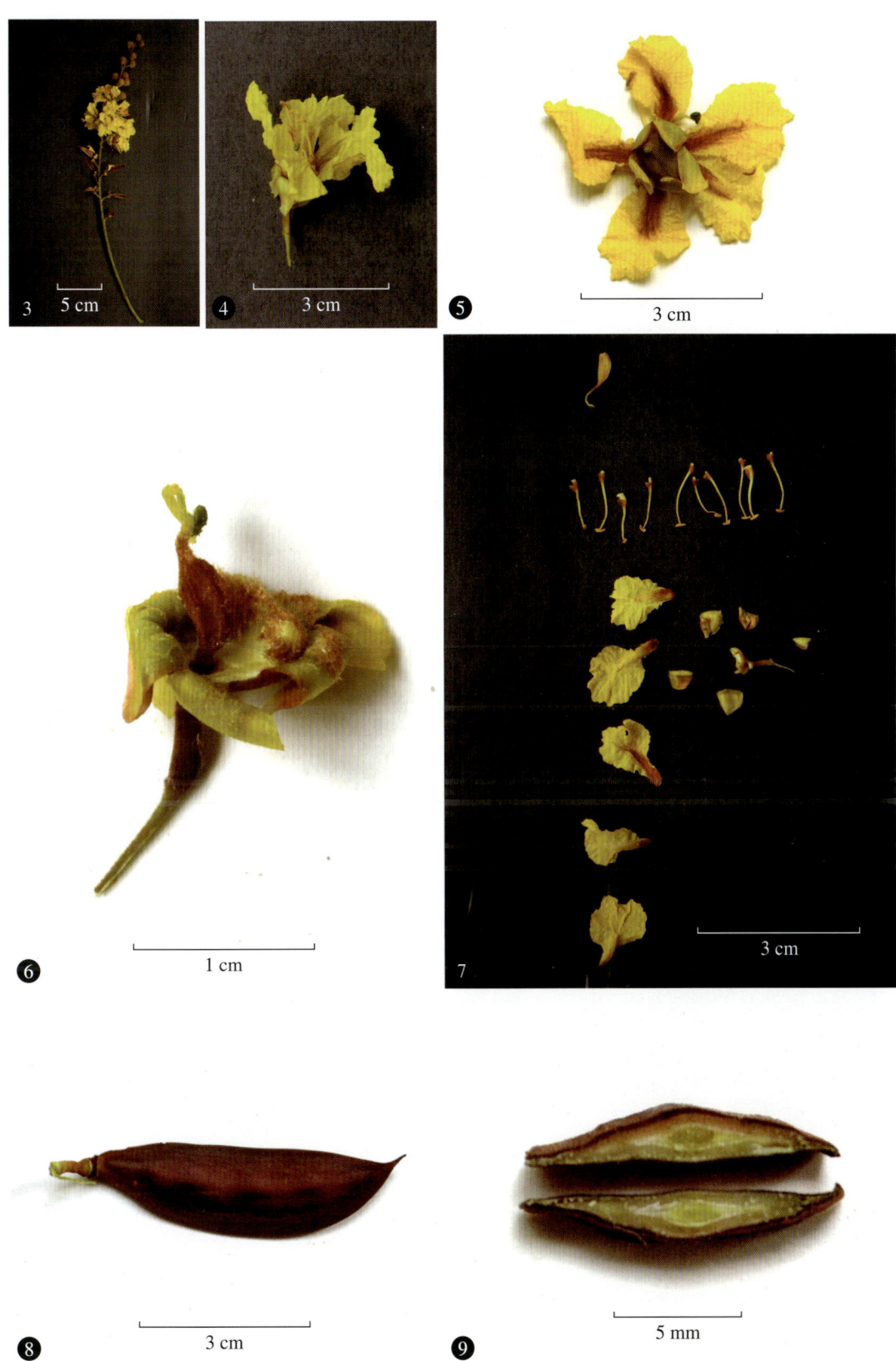

07 黄槿 *Talipariti tiliaceum* (L.) Fryxell

科　属｜锦葵科 Malvaceae 黄槿属 *Talipariti*
别　名｜万年春、海麻和桐花。
物候期｜花期 6—8 月；果期 9—10 月。

重要性状图示

图 1　常绿乔木；
图 2　树皮灰白色；
图 3　叶革质，广卵形，背面密被灰白色柔毛，互生；
图 4　聚伞花序顶生；
图 5　花瓣黄色，雄蕊多数，合生成雄蕊柱（单体雄蕊），上位子房；
图 6　花瓣 5 枚，旋转状排列，花瓣互相有覆盖；
图 7　花各部分解剖，花瓣离生，具主花萼和副花萼；
图 8　子房横切，胚珠多数，中轴胎座；
图 9　果成熟蒴果开裂，果爿 5 枚。

第二章 园林植物物种识别

乔木

033

乔木 花粉色

08 单蕊羊蹄甲 *Bauhinia monandra* Kurz

科　属｜豆科 Fabaceae 羊蹄甲属 *Bauhinia*
别　名｜粉红洋紫荆和红花羊蹄甲。
物候期｜花期 5—11 月；果期 9—11 月。

重要性状图示

图 1　常绿乔木；
图 2　树皮灰色至暗褐色；
图 3　单叶全缘，互生，先端凹缺；
图 4　花各部分解剖，花瓣离生，5 枚，具明显瓣柄，上位子房，具花萼；
图 5　雄蕊 5 枚，花药"丁"字形；
图 6　柱头有毛；
图 7　子房横切，胚珠多数，边缘胎座；
图 8　荚果刀形，扁平条形，木质。

3 cm

1 cm

3 cm

09 非洲芙蓉 *Dombeya wallichii* (Lindl.) Benth. ex Baill.

科　属｜锦葵科 Malvaceae 非洲芙蓉属 *Dombeya*
别　名｜吊芙蓉、百玲花和大叶丹比亚木。
物候期｜花果期 12 月—翌年 4 月。

重要性状图示

图 1　落叶小乔木；
图 2　叶心形，叶面粗糙，叶边缘具齿，单叶互生；
图 3　托叶心形；
图 4　苞片具毛；
图 5　伞形花序生于叶腋，下垂；
图 6　花蕾期，花萼、苞片和花茎都具毛；
图 7　花各部分解剖，花瓣离生，卵形，粉红色，5 枚，雄蕊多枚，合生成管状（单体雄蕊），具主花萼和副花萼 5 枚，上位子房；
图 8　花药背着；
图 9　柱头 5 裂，外卷；
图 10　具花盘；
图 11　子房横切，五心室，中轴胎座；
图 12　果序，花萼宿存；
图 13　蒴果开裂；
图 14　种子肾形，黑色。

10 木瓜 *Pseudocydonia sinensis* (Thouin) C. K. Schneid.

科　属｜蔷薇科 Rosaceae 木瓜属 *Pseudocyonia*
别　名｜海棠、木李和木瓜海棠。
物候期｜花期 4 月；果期 9—10 月。

重要性状图示

图 1　落叶小乔木；
图 2　树皮成片状脱落；
图 3　叶片椭圆卵形，边缘有锯齿；
图 4　托叶膜质，卵状披针形，边缘具齿；
图 5　花单生于叶腋，花瓣镊合状排列，互相不覆盖；
图 6　花各部分解剖，花离生，花瓣倒卵形，淡粉红色，5 枚，雄蕊多枚，花柱 5 裂，基部合生，花萼内面有毛；
图 7　梨果，果实长椭圆形。

乔木　花橙红色

11 木棉 *Bombax ceiba* L.

科　属｜木棉科 Bombacaceae 木棉属 *Bombax*
别　名｜红棉、英雄树和攀枝花。
物候期｜花期 3—4 月；果期 5—7 月。

重要性状图示

图 1　落叶高大乔木；
图 2　树皮灰白色，树干通常有圆锥状的粗刺，幼年和成年的粗刺有差异；
图 3　掌状复叶，小叶长圆状披针形，全缘；
图 4　花单生枝顶叶腋，花瓣肉质，倒卵状长圆形，红色；
图 5　花瓣 5 枚，旋转状排列，花瓣互相有覆盖；
图 6　花各部分解剖，花离生，上位子房，多体雄蕊顶端 2 裂，基部合生成管状，外轮雄蕊多数，集成 5 束，每束花丝 10 枚以上，花萼杯状，合生；
图 7　柱头星状 5 裂；
图 8　蒴果长圆形，成熟后开裂，种子多数。

12 红花银桦 *Grevillea banksii* R. Br.

科　属｜山龙眼科 Proteaceae 银桦属 *Grevillea*
别　名｜班西银桦和昆士兰银桦。
物候期｜花期 3—11 月；果期 5—9 月。

重要性状图示

图 1　常绿小乔木；
图 2　树皮褐色和块状脱落；
图 3　叶互生，一回羽状深裂；
图 4　小叶线形，不对称，光滑，叶背有白色毛；
图 5　穗状花序顶生；
图 6　花各部分解剖，花瓣合生，亮红色，花冠呈筒状，花柱伸出花冠筒外，先端弯曲，上位子房；
图 7　蓇葖果近卵形，扁平，果实成熟后呈褐色，花柱宿存。

13 吊瓜树 *Kigelia africana* (Lam.) Benth.

科　属｜紫葳科 Bignoniaceae 吊灯树属 *Kigelia*
别　名｜腊肠树、吊灯树和炮弹树。
物候期｜花期 4—5 月；果期 9—10 月。

🌿 重要性状图示

图 1　常绿乔木；
图 2　奇数羽状复叶，交互对生或轮生，小叶长卵形，叶全缘；
图 3　圆锥花序的花序轴下垂；
图 4　花各部分解剖，合瓣花冠褐红色，裂片 5，上唇 2 片较小，下唇 3 片较大，雄蕊 4 枚，二强雄蕊（2 枚长 2 枚短），花柱柱头扁平，2 裂；花萼合生具齿；
图 5　冠生雄蕊，花丝褐红色，花药"个"字形着生，药室 2，纵裂；
图 6　花盘环状；
图 7　果圆柱形下垂，果实坚硬，不开裂。

14 火焰树 *Spathodea campanulata* P. Beauv.

科　属｜紫葳科 Bignoniaceae 火焰树属 *Spathodea*
别　名｜金香树、喷泉树和火烧花。
物候期｜花期 2—5 月；果期 6—7 月。

🌀 重要性状图示

图 1　常绿高大乔木；
图 2　奇数羽状复叶，对生，小叶长椭圆形，叶全缘；
图 3　伞房状总状花序，顶生，密集，苞片披针形；
图 4　上位子房，下位花，柱头 2 裂；
图 5　花各部分解剖，合瓣花冠，花萼佛焰苞状，外面被短茸毛，雄蕊 4 枚，花盘环状；
图 6　蒴果黑褐色；
图 7　种子圆形，具薄且透明的翅。

灌木　花白色

15 糯米条 *Abelia chinensis* R. Br.

科　属｜忍冬科 Caprifoliaceae 糯米条属 *Abelia*
别　名｜白花树、鸡骨头和茶条树。
物候期｜花期6—9月；果期9—10月。

重要性状图示

图1　落叶灌木；
图2　叶片卵圆形，顶端渐尖，边缘有齿，叶表具毛；
图3　聚伞花序，着生叶腋；
图4　苞片披针形，具毛；
图5　两性花，具雄蕊4枚，柱头圆柱形，花瓣合生，花冠白色，被毛，花萼筒状，萼檐5裂；
图6　花纵切，下位子房，上位花，胚珠多数；
图7　子房横切，2心室，基生胎座。

16 光叶子花 *Bougainvillea glabra* Choisy

科　属｜紫茉莉科 Nyctaginaceae 叶子花属 *Bougainvillea*
别　名｜宝巾、三角梅和九重葛。
物候期｜花果期华南地区全年。

🌿 重要性状图示

图 1　常绿藤状灌木；
图 2　叶片椭圆形或卵形，基部圆形；
图 3　子房具柄；
图 4　雄蕊 8 枚；
图 5　花冠裂片玫瑰色和白色；
图 6　花序腋生或顶生，苞片橙红色；
图 7　花被管狭筒状，被毛。

❺ ❻ ❼

17 东北山梅花 *Philadelphus schrenkii* Rupr.

科　属｜绣球花科 Hydrangeaceae 山梅花属 *Philadelphus*
别　名｜辽东山梅花、山梅花和石氏山梅花。
物候期｜花期 6—7 月；果期 8—9 月。

重要性状图示

图 1　直立落叶灌木；
图 2　小枝灰色，表皮开裂后脱落，无毛；
图 3　叶卵形，先端渐尖，基部阔圆形，边缘有锯齿，叶脉离基有叶脉，正面颜色较背面深；
图 4　叶对生，总状花序；
图 5　花各部分解剖，花瓣 4 枚，白色，倒卵形，雄蕊多枚，离生，萼裂片 4，卵形，上位子房；
图 6　雌蕊，子房倒锥形，花柱 4 裂，柱头槌形；
图 7　花药基生；
图 8　蒴果椭圆形，花萼宿存。

灌木

灌木　花黄色

18 夜香树 *Cestrum nocturnum* L.

科　属 | 茄科 Solanaceae 夜香树属 *Cestrum*
别　名 | 夜来香、夜香木和洋素馨。
物候期 | 花期 6—9 月；果期 11 月—翌年 2 月。

重要性状图示

图 1　直立或近攀缘状灌木；
图 2　叶片卵形，全缘；
图 3　花萼钟状，5 浅裂，裂片长约为筒部的 1/4；
图 4　雄蕊，花丝基部有齿状附属物，花药极短；
图 5　聚伞花序。

1

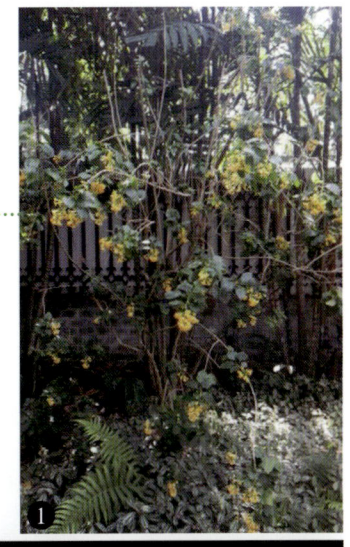

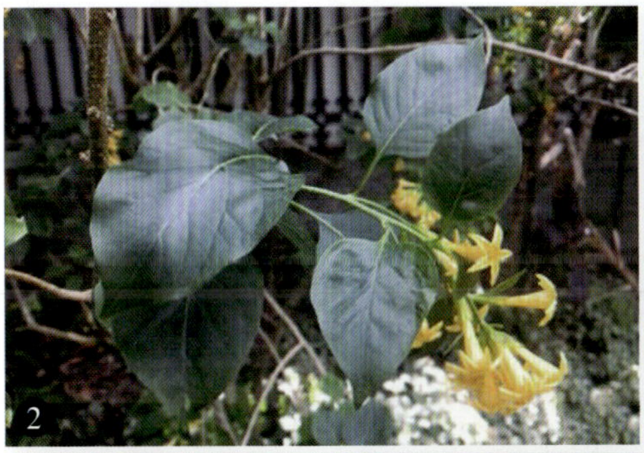
2

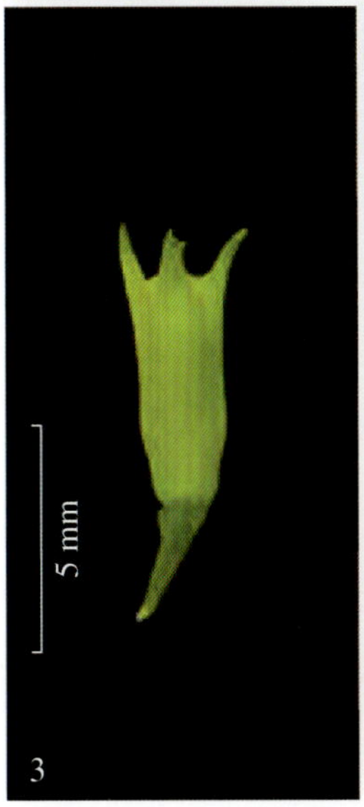

3

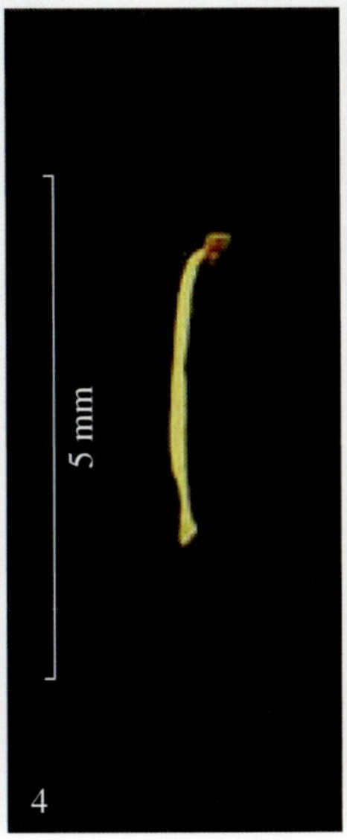

4

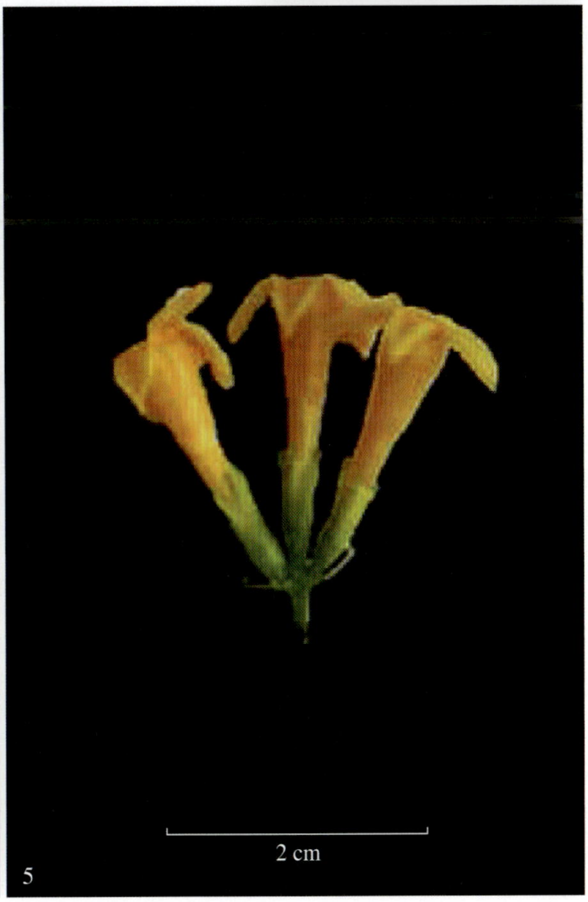

5

19 金英 *Galphimia gracilis* Bartl.

科　属｜金虎尾科 Malpighiaceae 金英属 *Galphimia*
别　名｜金英树、黄金英花和金尾虎花。
物候期｜花期 8—9 月；果期 10—11 月。

重要性状图示

图 1　常绿灌木；
图 2　叶椭圆状；
图 3　雄蕊基部红褐色，整体呈芽状；
图 4　总状花序顶生；
图 5　蒴果球形。

20 翅荚决明 *Senna alata* (L.) Roxburgh

科　属｜豆科 Fabaceae 决明属 *Senna*
别　名｜翅果决明、有翅决明和翅荚槐。
物候期｜花期 11 月—翌年 1 月；果期 12 月—翌年 2 月。

重要性状图示

图 1　直立常绿灌木；
图 2　偶数羽状复叶，小叶对生；
图 3　托叶似三角形；
图 4　总状花序顶生；
图 5　花各部分解剖，5 枚黄色花瓣，有明显的脉纹，萼片 5 枚，雄蕊 10 枚，3 枚较大可育雄蕊，上位子房；
图 6　荚果具纸质翅；
图 7　种子扁平，三角形。

3 cm

1 cm

21 双荚决明 *Senna bicapsularis* (L.) Roxb.

科　属｜豆科 Fabaceae 决明属 *Senna*
别　名｜金边黄槐、双荚黄槐和腊肠仔树。
物候期｜花期 10—11 月；果期 11 月—翌年 3 月。

🌱 重要性状图示

图 1　常绿灌木；
图 2　偶数羽状复叶；
图 3　总状花序生于枝条顶端的叶腋间，常形成伞房花序；
图 4　花瓣离生，覆瓦状排列，有 2 片完全在内侧，有 2 片完全在外侧，余下的花瓣一侧在内，另一侧在外；能育雄蕊中有 3 枚特大，伸出花瓣；
图 5　花萼离生，覆瓦状排列；
图 6　花各部分解剖，花萼和花瓣各 5 枚，雄蕊 10 枚，上位子房；
图 7　雄蕊 10 枚，7 枚可育，3 枚退化而无花粉，能育雄蕊中有 3 枚特大，4 枚较小；
图 8　荚果圆柱状，微曲，膜质；
图 9　种子黑褐色，卵圆形。

22 黄花夹竹桃 *Thevetia peruviana* (Pers.) K. Schum.

科　属｜夹竹桃科 Apocynaceae 黄花夹竹桃属 *Thevetia*
别　名｜黄花状元竹、酒杯花和柳木子。
物候期｜花期 5—12 月；果期 8 月—翌年 3 月。

🌱 重要性状图示

图 1　常绿灌木；
图 2　树皮褐色，皮孔明显；
图 3　叶互生，线形，全缘；
图 4　聚伞花序顶生；
图 5　花各部分解剖，花萼 5 枚，合瓣花冠漏斗状，裂片 5，花冠筒喉部的副花冠着生雄蕊 5 枚，柱头圆形；
图 6　子房扁平，周围的肉质花盘环状；
图 7　核果三角状球形。

灌木　花粉色

23 沙漠玫瑰 *Adenium obesum* (Forssk.) Roem. et Schult.

科　属｜夹竹桃科 Apocynaceae 沙漠玫瑰属 *Adenium*
别　名｜天宝花、阿拉伯沙漠玫瑰和索马里沙漠玫瑰。
物候期｜花期 5—12 月；果期 10 月—翌年 2 月。

重要性状图示

图 1　落叶灌木；
图 2　单叶互生，集生于枝顶，倒卵形至椭圆形，总状花序顶生，花冠漏斗状；
图 3　花托淡绿色，上位子房；
图 4　花萼黄绿色；
图 5　花各部分解剖，花冠外被短柔毛，冠檐 5 裂，花瓣边缘粉红色至红色，中部色浅，裂片近圆形，先端钝尖，边缘波状。

24 罗布麻 *Apocynum venetum* L.

科　属｜夹竹桃科 Apocynaceae 罗布麻属 *Apocynum*
别　名｜茶叶花、野麻和红麻。
物候期｜花期 4—9 月；果期 7—12 月。

重要性状图示

图 1　亚灌木；
图 2　叶对生，叶片椭圆状披针形，顶端具短尖头，叶缘具细齿，两面无毛；
图 3　圆锥状聚伞花序顶生或腋生；
图 4　花瓣镊合状排列，花冠圆筒状钟形，具紫红色脉纹，子房半下位，花萼 5 深裂；
图 5　雄蕊 5 枚，花柱短，顶端膨大，基部缩小，柱头基部呈盘状；
图 6　蓇葖果；
图 7　种子具冠毛。

25 红萼龙吐珠 *Clerodendrum* × *speciosum* Dombrain

科　属｜唇形科 Lamiaceae 大青属 *Clerodendrum*
别　名｜爪哇常山和棒子海棠。
物候期｜南方花果期全年。

重要性状图示

图 1　攀缘状常绿灌木；
图 2　叶顶端渐尖，表面被小柔毛，略粗糙；
图 3　雄蕊披微毛；
图 4　柱头 2 浅裂；
图 5　聚伞花序腋生。

26 五星花 *Pentas lanceolata* (Forsk.) K. Schum.

科　属｜茜草科 Rubiaceae 五星花属 *Pentas*
别　名｜繁星花、星形花和草本仙丹花。
物候期｜花果期 5—11 月。

重要性状图示

图 1　常绿亚灌木；
图 2　茎分枝；
图 3　叶椭圆形，顶端尖，基部渐狭成短柄，叶表和叶背有毛；
图 4　单叶对生；
图 5　聚伞花序密集，顶生；
图 6　花各部分解剖，花冠淡紫色，花冠裂片 5 枚，喉部被密毛，柱头 2 裂，雄蕊 5 枚，花萼形态差异大；
图 7　雄蕊着生在花冠喉部附近，花药纵裂；
图 8　2 心室，胚珠着生于心皮的边缘（侧膜胎座）；
图 9　子房陷于花托之中，与花托完全愈合（下位子房）；
图 10　蒴果。

27 紫云杜鹃 *Pseuderanthemum laxiflorum* (Vahl) B. Hansen

科　属｜爵床科 Acanthaceae 山壳骨属 *Pseuderanthemum*
别　名｜疏花山壳骨、紫云花和大花钩粉草。
物候期｜花果期 6—11 月。

🌀 重要性状图示

图 1　常绿灌木；
图 2　茎光滑，多分枝；
图 3　叶卵状披针形，顶端渐尖，基部楔形，全缘，叶面和叶缘都带有紫色；
图 4　叶对生，常在茎顶端生长较密；
图 5　聚伞花序，着生叶腋；
图 6　花各部分解剖，花瓣合生，花冠筒状，花瓣 5 裂，椭圆形，紫红色，花冠裂片覆瓦状排列，裂片互相覆盖，其中有一片完全在外侧，雄蕊 2 枚，伸出花冠，花萼 5 枚；
图 7　药室纵裂；
图 8　药室之间由花丝延长联结，形成药隔；
图 9　蒴果长筒状，花萼宿存，中部稍膨大，顶端逐渐变尖。

灌木　花橙红色

28 金凤花 *Caesalpinia pulcherrima* (L.) Sw.

科　属｜豆科 Fabaceae 云实属 *Caesalpinia*
别　名｜洋金凤、红蝴蝶和黄金凤。
物候期｜南方花果期全年。

重要性状图示

图 1　常绿灌木；
图 2　二回羽状复叶，小叶基部偏斜，对生；
图 3　总状花序顶生，假蝶形花冠；
图 4　花各部分解剖展开，花萼 5 枚，花瓣 5 枚，橙黄色，边缘黄色，花柱细长，橙黄色，上位子房绿色，雄蕊 10 枚，花丝红色，细长，基部粗，被毛；
图 5　子房横切，边缘胎座；
图 6　荚果，先端有长喙，光滑无毛，成熟时褐色，不开裂；
图 7　种子椭圆形。

29 长隔木 *Hamelia patens* Jacq.

科　属｜茜草科 Rubiaceae 长隔木属 *Hamelia*
别　名｜醉娇花、希美丽和希茉莉。
物候期｜南方花果期全年。

重要性状图示

图 1　常绿灌木；
图 2　叶椭圆状，轮生；
图 3　聚伞花序；
图 4　花萼红色，裂片短，上位子房；
图 5　花冠橙红色，冠管狭圆筒状，雄蕊 4 枚；
图 6　花柱橙色。

园林绿化常见植物 识别与应用

灌木

❷ ❸ ❹ ❺ ❻

2 cm

7.5 mm

18 mm

074

30 鸡冠爵床 *Odontonema strictum* (Nees) O. Kuntze

科　属｜爵床科 Acanthaceae 鸡冠爵床属 *Odontonema*
别　名｜鸡冠红、红苞花和红楼花
物候期｜花果期 9—12 月。

重要性状图示

图 1　常绿小灌木；
图 2　叶对生，卵状披针形，叶表面有褶皱；
图 3　穗状花序，花冠管状细长；
图 4　上位子房，花萼红色，花萼钟状，5 裂；
图 5　花药全部着生在花丝上（全着药）。

31 郎德木 *Rondeletia odorata* Jacq.

科　　属｜茜草科 Rubiaceae 郎德木属 *Rondeletia*
别　　名｜巴拿马玫瑰。
物候期｜花果期 6 月—翌年 1 月。

重要性状图示

图 1　常绿灌木；
图 2　叶卵形，顶端尖，基部近心形，厚草质，叶表墨绿色，叶背浅绿色；
图 3　叶对生，聚伞花序顶生；
图 4　花各部分解剖，花瓣合生，花冠下部是筒状，上部扩大呈高脚碟状，5 裂，鲜红色，喉部带黄色，外被短柔毛，子房下位；
图 5　蒴果球形，密被柔毛。

32 爆仗竹 *Russelia equisetiformis* Schltdl. et Cham.

科　属｜车前科 Plantaginaceae 爆仗竹属 *Russelia*
别　名｜吉祥草、炮仗竹和观音柳。
物候期｜南方花果期全年。

🌀 重要性状图示

图 1　常绿灌木；
图 2　茎有纵棱，分枝多，节处轮生，叶退化成小鳞片着生在节处；
图 3　聚伞花序聚成大型圆锥花序，向下弯垂，花序基部的苞片钻形；
图 4　花各部分解剖展开，花瓣合生，花冠管状，略呈二唇形，鲜红色，雄蕊 4 枚，2 长 2 短（二强雄蕊）；
图 5　药室完全分离成直线，着生在花丝上（广歧药），药室纵长开裂，花药纵裂而出。

33 硬骨凌霄 *Tecoma capensis* Lindl.

科　属｜紫葳科 Bignoniaceae 黄钟花属 *Tecoma*
别　名｜凌霄、洋凌霄和硬叶凌霄。
物候期｜花期 4—11 月；果期 7—11 月。

重要性状图示

图 1　常绿藤本；
图 2　奇数羽状复叶，小叶对生；
图 3　总状花序顶生；
图 4　花冠漏斗状，略弯曲，呈二唇形，花冠橙红色至鲜红色，有深红色的纵纹，雄蕊突出，高于花冠，花丝细长，长短不一；
图 5　药室基部张开，上部"丁"字形着生于花丝顶上；
图 6　蒴果。

灌木

灌木　花蓝紫色

34 蓝蝴蝶 *Rotheca myricoides* (Hochst.) Steane et Mabb.

科　属｜唇形科 Lamiaceae 三对节属 *Rotheca*
别　名｜紫蝶花、乌干达赪桐和花蝴蝶。
物候期｜花期 4—7 月；果期 6—8 月。

重要性状图示

图 1　小型常绿灌木；
图 2　茎褐色；
图 3　叶片倒卵形，先端尖，先端叶缘有浅锯齿，基部全缘；
图 4　叶对生；
图 5　圆锥花序顶生；
图 6　雄蕊和雌蕊高出花冠，雄蕊 2 长 2 短，花柱弯曲；
图 7　花瓣平展，花冠两侧对称，整体造型似蝴蝶，上方花瓣白色，下方唇瓣紫色；
图 8　雄蕊花丝基部密被长柔毛；
图 9　雌蕊长度约是雄蕊的 2 倍，浅紫色，柱头 2 裂；
图 10　浆果椭圆球状。

①

35 直立山牵牛 *Thunbergia erecta* (Benth.) T. Anders

科　属｜爵床科 Acanthaceae 山牵牛属 *Thunbergia*
别　名｜蓝吊钟、硬枝老鸦嘴和立鹤花。
物候期｜南方花果期全年。

重要性状图示

图 1　常绿灌木；
图 2　茎四棱形，多分枝；
图 3　叶对生，叶卵形革质，先端渐尖，边缘具齿；
图 4　花单生叶腋，着生在花梗上的小苞片白色；
图 5　花各部分解剖，花瓣合生，5 裂，花冠裂片覆瓦状排列，裂片互相覆盖，其中有一片完全在外侧，属于覆瓦状排列，花冠筒白色、喉黄色，冠檐紫色，4 枚雄蕊，2 长 2 短（二强雄蕊），柱头 2 裂，上位子房，2 枚苞片；
图 6　萼片小，形态似小齿，具花盘；
图 7　蒴果，开裂；
图 8　果实具果柄，种子球形，黑褐色。

草本　花白色

36 挂金灯 *Alkekengi officinarum* var. *franchetii* (Mast.) R. J. Wang

科　属｜茄科 Solanaceae 酸浆属 *Alkekengi*
别　名｜红姑娘、锦灯笼和泡泡草。
物候期｜花期 5—9 月；果期 6—10 月。

重要性状图示

图 1　多年生草本，花单生于叶腋，叶互生；
图 2　叶长卵形，顶端渐尖，叶基部不对称狭楔形、下延至叶柄，全缘波状，叶缘具短毛，叶脉疏被毛；
图 3　花冠辐射状，白色，5 浅裂，裂片开展，阔而短，先端骤然狭窄成三角形尖头，外披短柔毛；
图 4　花瓣旋转状排列，花萼 5 枚，和花冠裂片（花瓣）对生；
图 5　花纵切，雄蕊 5 枚，子房着生在花托之上（上位子房），花冠着生在子房之下（下位花），披密被毛；
图 6　花萼钟状，密生柔毛；
图 7　子房横切，子房由 2 心皮组成，2 室，胚珠多数，中轴胎座；
图 8　花萼果期增大成膀胱状而宿存，包围浆果，薄革质，网脉显著，顶端闭合，基部凹陷；
图 9　浆果球状，隐藏在宿存的花萼里。

第二章 园林植物物种识别

草本

37 艳山姜 *Alpinia zerumbet* (Pers.) B. L. Burtt et R. M. Sm.

科　属｜姜科 Zingiberaceae 山姜属 *Alpinia*
别　名｜月桃、玉桃和熊竹兰。
物候期｜花期 4—6 月；果期 7—10 月。

重要性状图示

图 1　多年生草本，叶片披针形，顶端尖头，两面均无毛；
图 2　圆锥花序，下垂，花序轴紫红色，被柔毛；
图 3　花各部分解剖，小苞片椭圆形，白色，顶端粉红色，无毛，花萼近钟形，白色，顶端粉红色，一侧开裂，顶端又 3 齿裂，花瓣 4 枚，后方的 1 枚较大，乳白色，顶端粉红色，唇瓣 1 枚，匙状卵形，顶端皱波状，内黄色而有紫红色纹彩，侧瓣 2 枚；
图 4　花丝扁平，侧生退化雄蕊钻状，药室平行，纵裂；
图 5　雌蕊花柱丝状、白色，子房被金黄色粗毛；
图 6　子房横切，3 室，合生心皮，胚珠着生在中轴上（中轴胎座）；
图 7　子房纵切，胚珠多数；
图 8　蒴果卵圆形，被毛，具条纹，顶端花萼宿存，果实成熟时朱红色。

❶

草本

38 宽叶十万错 *Asystasia gangetica* (L.) T. Anders.

科　属｜爵床科 Acanthaceae 十万错属 *Asystasia*
别　名｜盗偷草、跌打草和十万错。
物候期｜花期 11 月—翌年 5 月。

🌿 重要性状图示

图 1　多年生草本，总状花序顶生；
图 2　茎四棱形，披毛；
图 3　叶互生，深绿色，椭圆形，顶端急尖；
图 4　花整体，花萼 5 深裂，披针形，仅基部结合，花冠管基部圆柱状，裂片三角状卵形，其中有一裂片具有紫红色斑点；
图 5　柱头 2 裂。

39 文殊兰 *Crinum asiaticum* var. *sinicum* (Roxb. ex Herb.) Baker

科　属｜石蒜科 Amaryllidaceae 文殊兰属 *Crinum*
别　名｜十八学士、白花石蒜和文珠兰。
物候期｜花期 6—8 月，果期 11—12 月。

重要性状图示

图 1　多年生粗壮草本；
图 2　叶多列轮生，带状披针形，顶端渐尖，边缘波状，暗绿色；
图 3　花高脚碟状，花茎直立，几乎与叶等长，花有柄，花梗近等长，花从同一个的花序梗伸出，并近等长（伞形花序）；
图 4　花各部分解剖，花被管纤细，花被片 6 枚，2 轮排列；花瓣线形，顶端渐狭，白色，雄蕊 6 枚，着生于花被片基部，花丝淡红色，花药线形，顶端渐尖，背着药，花柱细长，淡红色，下位子房，纺锤形；
图 5　子房横切，中轴胎座，3 室，胚珠多数；
图 6　蒴果近球形。

40 水鬼蕉 *Hymenocallis littoralis* (Jacq.) Salisb.

科　属｜石蒜科 Amaryllidaceae 水鬼蕉属 *Hymenocallis*
别　名｜蜘蛛兰和美洲蜘蛛兰。
物候期｜花期 4—7 月，果期 5—8 月。

重要性状图示

图 1　多年生鳞茎草本；
图 2　叶多列轮生，线形，先端尖；
图 3　伞形花序基部有佛焰苞状总苞，总苞片卵状披针形，花茎扁平；
图 4　花各部分解剖，花被裂片 6 枚，狭长、绿白色，有香气，雄蕊 6 枚，花柱细长；
图 5　花丝上部分离基部合生呈杯状体（雄蕊杯），漏斗形；
图 6　花药"丁"字形着生；
图 7　子房横切，中轴胎座，3 室，胚珠多数；
图 8　蒴果圆形，肉质状，成熟时开裂。

草本

41 六月雪假龙头 *Physostegia virginiana* 'Summersnow'

科　属｜唇形科 Lamiaceae 假龙头花属 *Physostegia*
别　名｜随意草、伪龙头和芝麻花。
物候期｜花期 7—9 月；果期 8—10 月。

重要性状图示

图 1　多年生宿根草本植物；
图 2　茎四棱形，外被毛，单叶交互对生，几乎无叶柄；
图 3　叶卵状披针形，边缘有锯齿，亮绿色；
图 4　穗状花序顶生，每轮有花 2 朵，交互对生，排列紧密；
图 5　唇形花冠，唇瓣短，花冠雪白，花萼筒状，萼片小，4 裂，上有白色小毛；
图 6　花丝细长，顶端披小细长毛，广歧药，纵裂；
图 7　柱头 2 裂，卷曲；
图 8　离生心皮 4，着生有腺状花盘；
图 9　穗状果序；
图 10　宿存花萼内有果实；
图 11　果实瓣状，深褐色，具棱。

❶

❸　5 cm

❷

42 金叶拟美花 *Pseuderanthemum reticulatum* var. *ovalifolium* Radlk.

科　属｜爵床科 Acanthaceae 山壳骨属 *Pseuderanthemum*
别　名｜拟美花和钩粉草。
物候期｜花果期 5—9 月。

重要性状图示

图 1　多年生草木；
图 2　叶对生，新叶金黄色，后转为黄绿色；
图 3　叶披针形；
图 4　花顶生聚伞花序，花冠 5 裂，裂片白色，基部具紫色斑点。

43 肥皂草 *Saponaria officinalis* L.

科　属｜石竹科 Caryophyllaceae 肥皂草属 *Saponaria*
别　名｜石碱花、石碱草和香桂。
物候期｜花果期 6—9 月。

🌱 重要性状图示

图 1　多年生草本，圆锥花序，雄蕊和柱头外露；
图 2　茎直立，不分枝，茎节膨大，具关节，单叶对生，基部具短柄，半抱茎；
图 3　叶片椭圆形，顶端渐尖，无毛；
图 4　花萼筒状，披毛花瓣旋转状排列；
图 5　花各部分解剖，花瓣 5 枚，白色，瓣片基部楔状，顶端倒卵形具凹缺，上位子房；
图 6　雄蕊 11 枚，基部合生；
图 7　柱头 2 裂；
图 8　子房横切，胚珠多数，特立中央胎座；
图 9　蒴果长圆状卵形；
图 10　种子肾形，黑褐色，具小瘤。

44 葱莲 *Zephyranthes candida* (Lindl.) Herb.

科　属｜石蒜科 Amaryllidaceae 葱莲属 *Zephyranthes*
别　名｜韭菜莲、玉帘和葱兰。
物候期｜花果期 7—11 月。

🌿 重要性状图示

图 1　多年生草本；
图 2　叶片狭线形，肥厚，亮绿色，花茎中空；
图 3　花被片未展开时，被红色苞片；
图 4　花单生于茎顶端，下有带褐红色的佛焰苞状总苞，花被片（花萼和花瓣的总称）6 枚，白色，顶端具尖头，柱头 3 裂；
图 5　花被片 2 轮排列；
图 6　花纵切，下位子房，上位花；
图 7　花各部分解剖，花被片 6 枚，雄蕊 6 枚，柱头 3 裂，红色苞片；
图 8　雄蕊长条状，背着药；
图 9　子房横切，3 室，中轴胎座；
图 10　子房纵切，胚珠多数；
图 11　蒴果近球形，3 瓣开裂；
图 12　种子黑色，扁平，近三角形。

草本　花黄色

45 龙牙草 *Agrimonia pilosa* Ldb.

科　属｜蔷薇科 Rosaceae 龙牙草属 *Agrimonia*
别　名｜老鹤嘴、毛脚茵和施州龙芽草。
物候期｜花果期 5—12 月。

🌿 重要性状图示

图 1　多年生草本，总状花序；
图 2　奇数羽状复叶，叶草质；
图 3　托叶草质，叶边缘有裂片，茎具毛；
图 4　花各部分解剖，花瓣 5 枚，卵形，黄色，萼片 5 枚，雄蕊 8 枚；
图 5　花丝黄色；
图 6　花柱 2 裂，丝状；
图 7　总状果序顶生，果实倒卵圆锥形；
图 8　果实顶端具钩刺；
图 9　种子卵圆形，黄褐色。

46 猪屎豆 *Crotalaria pallida* Ait.

科　属｜豆科 Fabaceae 猪屎豆属 *Crotalaria*
别　名｜椭圆叶猪屎豆、三圆叶猪屎豆和野黄豆。
物候期｜花果期 9—12 月。

重要性状图示

图1　多年生草本，荚果长圆形，先端具喙；
图2　三出复叶，小叶近圆形，先端钝圆；
图3　总状花序顶生，蝶形花冠，黄色；
图4　子房无柄；
图5　花丝基部合生成筒状；
图6　子房纵切，胚珠着生于心皮的边缘（边缘胎座）。

47 喷瓜 *Ecballium elaterium* (L.) A. Rich.

科　属｜葫芦科 Cucurbitaceae 喷瓜属 *Ecballium*
别　名｜爆炸瓜和铁炮瓜。
物候期｜花果期 6—8 月。

重要性状图示

图 1　蔓生草本；
图 2　叶戟形，边缘波状，具粗齿，叶表苍绿色，有粗糙的疣点和白色的短刚毛，叶背面灰白色，密被白色短柔毛，叶脉在叶背隆起，密被白色短刚毛；
图 3　雌雄同株，雄花序为总状花序，花序梗稍粗壮，密生黄褐色的长柔毛和短刚毛，雌花单生；
图 4　雄花各部分解剖，花冠黄色，宽钟形，裂片卵状长圆形，5 深裂，顶端具小尖头，雄蕊 3 枚，花萼筒短钟状，萼裂片 5 枚，披针形；
图 5　花丝短，分离，基部有长柔毛，花药和药隔宽，不伸出；
图 6　雌花各部分解剖，花冠黄色，宽钟形，裂片卵状长圆形，5 深裂，顶端有小尖头，花萼筒短钟状，萼裂片 5 枚，披针形，子房长圆形，披短刚毛；
图 7　柱头 3 裂；
图 8　子房横切，子房由 3 心皮合生而成，侧膜胎座，3 心室；
图 9　子房纵切，胚珠多数，下位子房；
图 10　果实苍绿色，长圆形，粗糙，具毛，两端钝，成熟后膨胀，自果梗脱落后基部开一洞，靠内部的压力传播种子，因此又称"铁炮瓜"；
图 11　种子褐色或近黑色。

草本

103

48 黄菖蒲 *Iris pseudacorus* L.

科　　属｜鸢尾科 Iridaceae　鸢尾属 *Iris*
别　　名｜水生鸢尾、黄鸢尾和黄花鸢尾。
物候期｜花期 5 月；果期 6—8 月。

重要性状图示

图 1　多年生草本，喜水生生境；
图 2　花茎分枝；
图 3　基生叶明显，靠近基部至顶端被有白粉；
图 4　外侧花被裂片卵圆形，爪部狭小，中央下陷，花柱 3 分枝，分枝扁平，子房圆纺锤形，具纵裂纹；
图 5　花各部分解剖，外侧花被片 3 枚最大，基部着生雄蕊，内侧花被片 3 枚较小，花柱分枝花瓣状，与外花被片对生；
图 6　外侧花瓣爪部狭小，中央下陷，有黑褐色的条纹；
图 7　子房横切，中轴胚座，具 6 条棱，3 心室；
图 8　蒴果具革质果皮；
图 9　果实纵切，种子具坚硬种皮，胚乳乳白色。

第二章 园林植物物种识别

草本

105

49 白屈菜罂粟 *Stylophorum diphyllum* Nutt.

科　属｜罂粟科 Papaveraceae 金罂粟属 *Stylophorum*
别　名｜二苞叶罂粟。
物候期｜花果期 5 月。

🌱 重要性状图示

图 1　多年生草本；
图 2　叶倒卵状，叶片羽状深裂，裂片深波状，表面绿色，背面白色，沿脉被白色柔毛；
图 3　茎直立，圆柱形，具条纹，被毛；
图 4　茎具黄色乳汁；
图 5　花单生于叶腋，花萼披毛，花完全开放后，花萼早落；
图 6　花瓣覆瓦状排列；
图 7　花各部分解剖，花瓣黄色，4 枚，近圆形，2 大 2 小，雄蕊多数；
图 8　花纵切，上位子房，胚珠多数，花丝丝状，黄色，花药黄色，长圆形，2 室，纵裂；
图 9　子房横切，侧膜胎座，胚珠多数；
图 10　蒴果狭卵形，被短柔毛，成熟时开裂；
图 11　蒴果开裂，具有 4 果瓣，种子多数，具鸡冠状种阜。

注：图 8 由美国伊利诺伊州立大学 Stephen RD. 教授提供。

106

第二章　园林植物物种识别

草本

107

50 毛蕊花 Verbascum thapsus L.

科　属｜玄参科 Scrophulariaceae 毛蕊花属 Verbascum
别　名｜大毛叶、一柱香和虎尾鞭。
物候期｜花期 6—8 月；果期 7—10 月。

重要性状图示

图 1　二年生草本，全株被灰黄色星状毛；
图 2　叶互生，顶端茎生叶基部下延成狭翅；
图 3　基生叶和基部的茎生叶倒披针形，先端渐尖，基部渐狭成柄状，边缘具浅圆齿，被浅灰黄色毛；
图 4　穗状花序；
图 5　花各部分解剖，绿色花萼合生，5 裂，黄色花瓣合生，顶端 5 裂，雄蕊 5 枚，2 枚雄蕊的花丝无毛，3 枚雄蕊的花丝有毛，子房和花柱基部密被短毛；
图 6　花萼 5 裂，长约 7 毫米，裂片披针形，外被毛；
图 7　花冠黄色，具短花冠筒，5 裂，裂片几相等，呈辐射状；
图 8　子房横切，中轴胎座，子房 2 室，胚珠多数；
图 9　子房纵切，上位子房；
图 10　果序圆柱状；
图 11　蒴果卵形，室间开裂，先端钝尖。

草本　花粉色

51 红蓼 *Persicaria orientalis* (L.) Spach

科　属｜蓼科 Polygonaceae 蓼属 *Persicaria*
别　名｜红草、东方蓼和狗尾巴花。
物候期｜花期 6—9 月；果期 8—10 月。

重要性状图示

图 1　一年生草本；
图 2　茎直立，粗壮，密被柔毛；
图 3　托叶膜质，鞘状包茎；
图 4　叶片卵状披针形，顶端渐尖，基部近心形，叶边缘全缘，叶脉具柔毛；
图 5　单叶互生；
图 6　穗状花序；
图 7　花被片 5 深裂，淡红色，椭圆形，雄蕊 7，伸出花被；
图 8　花被片覆瓦状排列；
图 9　花纵切，上位子房；
图 10　苞片宽漏斗状，被毛；
图 11　苞片内具 5 朵花，花梗伸出苞片；
图 12　花药背着，2 室，纵裂；
图 13　雌蕊短于花梗，柱头头状 2 裂，中下部合生；
图 14　子房横切，1 室；
图 15　花果同存，瘦果包于宿存花被内；
图 16　瘦果近圆形，双凹，种子黑褐色，有光泽，包于宿存花被内。

草本

园林绿化常见植物 识别与应用

草本

112

草本　花红色

52 大花美人蕉 *Canna × generalis* L. H. Bailey

科　属｜美人蕉科 Cannaceae 美人蕉属 *Canna*
别　名｜美人蕉、红艳蕉和兰蕉。
物候期｜花期和果期 3—12 月。

🌿 重要性状图示

图 1　多年生草本；
图 2　叶互生，椭圆形，具叶鞘，叶缘和叶鞘紫色；
图 3　总状花序顶生，苞片内有 1～2 朵花；
图 4　花纵切，下位子房，上位花；
图 5　花各部分解剖，萼片 3 枚，披针形，卷曲，较小，红色花瓣 3 枚，披针形，卷曲，较大，退化雄蕊花瓣状 3 枚，唇瓣 1 枚，可育雄蕊 1 枚，花柱带形，上宽下窄；
图 6　可育雄蕊，花丝增大呈花瓣状，边缘有花药；
图 7　子房横切，中轴胎座，3 室，胚珠多数；
图 8　蒴果，具小瘤体；
图 9　果实成熟时开裂。

①

❷ ❸ ❹ 5 cm ❺ 5 cm ❻ 3 cm ❼ 5 mm ❽ ❾ 2 cm

114

53 朱顶红 *Hippeastrum rutilum* (Ker-Gawl.) Herb.

科　属｜石蒜科 Amaryllidaceae 朱顶红属 *Hippeastrum*
别　名｜百枝莲、炮打四门和红花莲。
物候期｜花期 4—10 月；果期 5—10 月。

重要性状图示

图 1　多年生草本；
图 2　鳞茎近球形，根白色；
图 3　叶基生和对生，剑形；
图 4　花茎中空，被白粉；
图 5　花序顶生，花被片洋红色，花被管绿色，佛焰苞苞片半透明；
图 6　花被片覆瓦状排列；
图 7　花各部分解剖，花被片 6 枚，3 枚大，3 枚小，花被片中央有白条纹，基部趋于绿色；
图 8　雄蕊 6 枚，柱头 3 裂；
图 9　子房横切，中轴胎座；
图 10　果实成熟时开裂，黑色种子膜状；
图 11　黑色种皮皱状。

54 大花芦莉 *Ruellia elegans* Poir.

科　属 | 爵床科 Acanthaceae 芦莉草属 *Ruellia*
别　名 | 红花芦莉和艳芦莉。
物候期 | 花期 10 月—翌年 2 月；果期 12 月—翌年 5 月。

重要性状图示

图 1　多年生常绿草本；
图 2　茎四棱柱形，叶对生，椭圆状披针形，脉纹明显，叶面微卷；
图 3　聚伞状花序顶生或腋生；
图 4　花整体，花冠圆筒状，下部合生，先端 5 裂，花瓣红色，外被细柔毛；
图 5　花纵切，上位子房，下位花；
图 6　花各部分解剖，合瓣花冠，花萼 5 裂，冠生雄蕊 4，二强雄蕊，2 长 2 短，花丝中下部合生，花柱细长，被短毛，子房绿色，着生于厚的花盘上；
图 7　花萼 5 深裂，外被细柔毛；
图 8　花药呈箭形，背着药；
图 9　柱头 2 裂，前裂片退化，后裂片较长，扁平；
图 10　子房纵切，胚珠多数；
图 11　蒴果长椭圆形。

草本　花紫色

55 山韭 *Allium senescens* L.

科　属｜石蒜科 Amaryllidaceae 葱属 *Allium*
别　名｜岩葱、古葱和野韭。
物候期｜花果期 7—9 月。

🌀 重要性状图示

图 1　多年生草本，伞形果序；
图 2　叶条形，先端钝圆，呈镰刀状弯曲；
图 3　花葶圆柱形，具 2 纵棱，有时纵棱变成窄翅，使花葶成为二棱柱状；
图 4　伞形花序，具紫色花瓣，小花梗近等长，比花被片长，基部具小苞片，雄蕊和花柱伸出花被外；
图 5　花各部分展开，花被 6 枚，2 轮，雄蕊 6 枚，上位子房；
图 6　花被内轮卵形，先端钝圆并常具不规则的小齿，外轮的卵形，顶端尖，形似舟状，略短；
图 7　花丝仅基部合生并与花被片贴生，内轮扩大呈披针状狭三角形，外轮呈锥形，花药"丁"字形着生；
图 8　子房倒球状，上位子房；
图 9　子房横切，中轴胎座，3 心室；
图 10　子房纵切，倒生胚珠多枚；
图 11　种子黑色，菱形。

5 mm

56 落新妇 *Astilbe chinensis* (Maxim.) Franch. et Savat.

科　属｜虎耳草科 Saxifragaceae 落新妇属 *Astilbe*
别　名｜红升麻、金毛狗和马尾参。
物候期｜花果期 6—9 月。

◉ 重要性状图示

图 1　多年生草本；
图 2　根状茎暗褐色，粗壮，具须根；
图 3　羽状复叶，圆锥花序；
图 4　花序轴被褐色卷曲长柔毛；
图 5　花各部分解剖，萼片 5 枚，卵形，花瓣 5 枚，淡紫色至紫红色，雄蕊 10 枚，雌蕊 2 枚，基部合生；
图 6　圆锥果序；
图 7　蒴果。

57 花叶长果山菅 *Dianella tasmanica* 'Variegata'

科　属｜阿福花科 Asphodelaceae 山菅兰属 *Dianella*
别　名｜山菅、桔梗兰和山扁竹。
物候期｜花果期 6—9 月。

重要性状图示

图 1　多年生草本，叶披针形；
图 2　叶基部抱茎；
图 3　叶边缘具齿；
图 4　圆锥花序；
图 5　花纵切，上位子房；
图 6　花各部分解剖，花被片 6 枚，2 轮，各 3 枚，内轮白色，外轮紫白色，6 枚雄蕊；
图 7　花药孔裂。

58 柳叶菜 *Epilobium hirsutum* L.

科　属 | 柳叶菜科 Onagraceae 柳叶菜属 *Epilobium*
别　名 | 怀胎草、水朝阳花和鸡脚参。
物候期 | 花期 6—8 月；果期 7—9 月。

重要性状图示

图 1　多年生草本；
图 2　茎生叶草质，对生，无柄，抱茎，边缘有细锯齿，被长柔毛，狭线形；
图 3　花各部分解剖，萼片 4 枚，花瓣 4 枚，紫红色，宽倒心形，先端微缺，雄蕊 8 枚，柱头开裂；
图 4　花纵切，外轮花丝较长，内轮花丝较短，花药乳黄色，长圆形，花柱直立，白色，无毛，下位子房，胚珠多数；
图 5　花管喉部有长白毛，萼片长圆状线形；
图 6　花萼背面隆起呈龙骨状；
图 7　子房横切，4 室，被毛，中轴胎座；
图 8　柱头 4 深裂，裂片长圆形；
图 9　蒴果；
图 10　蒴果开裂，种子具灰白色茸毛；
图 11　种子倒卵状，深褐色。

59 紫玉簪 *Hosta albomarginata* (Hook.) Ohwi

科　属｜天门冬科 Asparagaceae 玉簪属 *Hosta*
别　名｜紫萼、紫萼玉簪和白背三七。
物候期｜花果期7—9月。

重要性状图示

图1　多年生草本；
图2　叶片卵状椭圆形，侧脉明显；
图3　总状花序，具叶状膜质苞片，花冠淡紫色，花丝伸出花被；
图4　花各部分解剖，合生花瓣6枚，雄蕊6枚，子房无柄，长圆筒状，花柱较长，上位子房；
图5　花药黄色，"丁"字形着生，纵裂；
图6　柱头3裂，柱头周围紫色；
图7　子房横切，中轴胎座，3室，胚珠多数；
图8　子房纵切，胚珠多数；
图9　蒴果近圆柱状，有3棱，室背3裂；
图10　种子黑色。

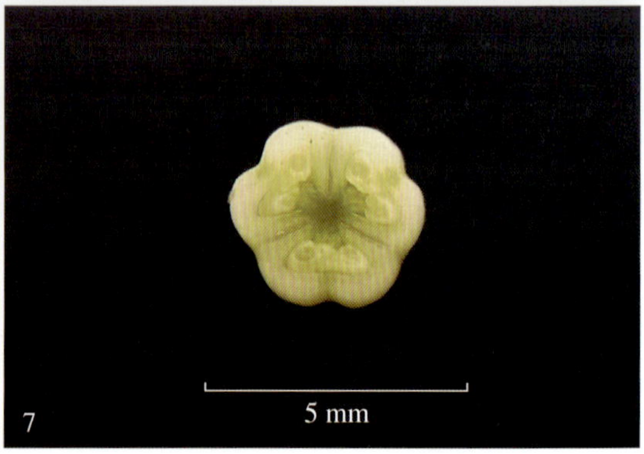

4 5 mm
5
6
7 5 mm
8 10 mm
9 10 mm
10 2 cm

60 马蔺 *Iris lactea* Pall.

科　属｜鸢尾科 Iridaceae 鸢尾属 *Iris*
别　名｜马莲、马帚和箭秆风。
物候期｜花期 5—6 月；果期 6—9 月。

重要性状图示

图 1　多年生丛生草本；
图 2　根状茎粗壮，木质，具老叶残留叶鞘及毛发状的纤毛，具须根；
图 3　叶基生，条形；
图 4　苞片内具 2~4 朵花；
图 5　花各部分解剖，花被片 6 枚，外侧花被较大，内侧花被较小，雄蕊 3 枚，花被管细长，子房纺锤状圆柱形；
图 6　花纵切，花被倒披针形，基部白色，下位子房，胚珠多数，上位花；
图 7　花丝白色透着紫色，花药黄色，外向开裂；
图 8　花柱 3 裂，扁平，弯曲，淡蓝色，顶端舌状；
图 9　子房横切，中轴胎座，3 室；
图 10　子房纵切，胚珠多数；
图 11　蒴果长椭圆状柱形，具 6 条明显的棱。

61 鸢尾 *Iris tectorum* Maxim.

科　属｜鸢尾科 Iridaceae 鸢尾属 *Iris*
别　名｜老鸹蒜、蛤蟆七和扁竹花。
物候期｜花期 4—5 月；果期 6—8 月。

🌱 重要性状图示

图 1　多年生草本，喜水生生境；
图 2　根状茎粗壮；
图 3　根状茎二歧分枝，叶基生，黄绿色，稍弯曲，宽剑形；
图 4　苞片绿色，边缘膜质，披针形，花单生或双生；
图 5　花各部分解剖，外侧花被片较大，3 枚，顶端微凹，爪部狭楔形，中脉上有不规则的鸡冠状附属物，基部黄色，内侧花被片较小，3 枚，椭圆形，基部淡紫色，花柱 3 分枝，分枝扁平，拱形弯曲，淡紫色，顶端半圆形，舌状，有疏齿，雄蕊 3 枚，子房纺锤状圆柱形；
图 6　花纵切，下位子房，上位花；
图 7　花丝白色，花药下凹，外向开裂；
图 8　子房横切，中轴胎座，3 室，胚珠多数；
图 9　子房纵切，胚珠多数；
图 10　蒴果长椭圆形，成熟时 3 瓣裂。

62 羽扇豆 *Lupinus micranthus* Guss.

科　属｜豆科 Fabaceae 羽扇豆属 *Lupinus*
别　名｜多叶羽扇豆、母亲花和鲁冰花。
物候期｜花期3—5月；果期4—7月。

重要性状图示

图1　一年生草本，总状花序顶生；
图2　掌状复叶，小叶倒卵形，叶柄远长于小叶，叶表及叶背披毛；
图3　花各部分解剖，具1枚较大的旗瓣，2枚翼瓣和2枚合生的较小龙骨瓣，上位子房；
图4　花柱弯曲；
图5　柱头具毛；
图6　雄蕊合生；
图7　子房纵切，边缘胎座，荚果长圆状线形，密被棕色硬毛；
图8　果序轴增粗，先端具喙；
图9　种子卵形，扁平，光滑，具斑纹。

63 堇色酢浆草 *Oxalis violacea* L.

科　属｜酢浆草科 Oxalidaceae 酢浆草属 *Oxalis*
别　名｜紫叶酢浆草、紫花酢酱草和三叶酸。
物候期｜花果期在华南地区全年。

🌿 重要性状图示

图 1　多年生草本；
图 2　三出掌状复叶，三角形先端凹缺，紫色；
图 3　聚伞花序，花瓣 5 枚，倒卵形；
图 4　花瓣旋转排列；
图 5　花药"丁"字形着生；
图 6　柱头膨大。

64 梭鱼草 *Pontederia cordata* L.

科　属｜雨久花科 Pontederiaceae 梭鱼草属 *Pontederia*
别　名｜白花梭鱼草、北美梭鱼草和海寿花。
物候期｜花果期 7—10 月。

重要性状图示

图 1　多年生挺水草本植物；
图 2　叶片光滑，倒卵状披针形；
图 3　叶柄绿色，圆筒形；
图 4　花被裂片 6 枚，裂片基部连接成筒状；
图 5　上方的花被裂片具黄绿色斑点。

65 蓝花草 *Ruellia simplex* C. Wright

科　属｜爵床科 Acanthaceae　芦莉草属 *Ruellia*
别　名｜翠芦莉、兰花草和狭叶芦莉草。
物候期｜花期 6—10 月；果期 7 月—翌年 2 月。

🌿 重要性状图示

图 1　多年生草本；
图 2　茎四棱形，红褐色，叶对生，暗绿色，线状披针形，全缘；
图 3　总状花序，腋生，花冠漏斗状，5 裂，蓝紫色；
图 4　花各部分解剖，冠生二强雄蕊，2 枚长，2 枚短，花丝中下部合生，上位子房，花萼 5 枚，线状长椭圆形，被毛；
图 5　柱头前裂片退化较小，后裂片较长，扁平；
图 6　花药呈箭形，背着药；
图 7　总状果序，果实具喙；
图 8　蒴果长椭圆形，种子圆形，褐色。

2 cm

2 cm

66 再力花 *Thalia dealbata* Fraser

科　属｜竹芋科 Marantaceae 水竹芋属 *Thalia*
别　名｜水生竹芋、水竹芋和水莲蕉。
物候期｜南方花果期全年。

重要性状图示

图 1　多年生挺水草本；
图 2　茎实心，叶柄细长，叶卵状披针形，全缘，平行叶脉；
图 3　总状花序；
图 4　花果同期，花序基部有总苞，被白粉；
图 5　花各部分解剖，4 枚花瓣，离生，1 枚较大，子房球形；
图 6　种子具宿存萼片，被白粉。

❺ ❻

2 cm　　2 cm　　2 cm

140

67 蓝猪耳 *Torenia fournieri* Linden. ex E. Fourn.

科　属｜母草科 Linderniaceae 蝴蝶草属 *Torenia*
别　名｜夏堇、兰猪耳和蚌壳草。
物候期｜花果期 6—12 月。

◎ 重要性状图示

图 1　一年生草本；
图 2　叶呈卵状心形，先端尖，叶缘有齿；
图 3　叶对生，叶和花萼边缘披毛；
图 4　总状花序，花冠裂片近等长；
图 5　花各部分解剖，唇形花冠，花冠筒淡粉色，背黄色，花萼椭圆形，绿色，上位子房；
图 6　柱头 3 裂。

藤本　花白色

68 喙荚鹰叶刺 *Guilandina minax* (Hance) G. P. Lewis

科　属｜豆科 Fabaceae　鹰叶刺属 *Guilandina*
别　名｜南蛇簕和喙英云实。
物候期｜花期 4—5 月；果期 7 月。

🌿 重要性状图示

图 1　藤本；
图 2　茎上具刺；
图 3　叶对生，二回偶数羽状复叶；
图 4　小叶椭圆形，先端尖，基部圆形，微偏斜，两面沿中脉被短柔毛，托叶锥状；
图 5　总状花序顶生；
图 6　花冠白色，两侧花瓣白色，中间花瓣淡绿色，具紫色斑点，倒卵形，先端圆钝，边缘具毛；
图 7　花各部分解剖，萼片 5 枚，花瓣 5 枚，雄蕊 10 枚，花丝下部密被长柔毛；
图 8　上位子房，密生细刺；
图 9　花药黑色，背着，花丝基部具毛；
图 10　子房纵切，胚珠多数，边缘胎座；
图 11　荚果长圆形，先端圆钝具喙，果皮具针状刺。

藤本　花橙色

69 贯月忍冬 *Lonicera sempervirens* L.

科　属｜忍冬科 Caprifoliaceae 忍冬属 *Lonicera*
别　名｜穿叶忍冬和贯叶忍冬。
物候期｜花期 1—6 月；果期 9 月—翌年 1 月。

重要性状图示

图 1　常绿藤本；
图 2　单叶对生，无叶柄，幼枝常披白粉，托叶小三角形；
图 3　小枝顶端的叶基部相连成盘状（合生穿茎）；
图 4　叶椭圆形，顶端具短尖头；
图 5　花轮生，每轮通常 6 朵，组成顶生穗状花序，花冠近整齐；
图 6　花冠细长漏斗形，外面橙色，内面黄色；
图 7　花纵切，雄蕊 5 枚，花丝着生于花冠筒内，花药远比花丝短；
图 8　花药背着，纵裂；
图 9　柱头头状，有突起；
图 10　子房壶形，萼齿短小，被白粉；
图 11　子房横切，中轴胎座，3 心室；
图 12　浆果生于合生穿茎。

70 炮仗藤 *Pyrostegia venusta* (Ker-Gawl.) Miers

科　属｜紫葳科 Bignoniaceae 炮仗藤属 *Pyrostegia*
别　名｜鞭炮花、炮仗花和火烧花。
物候期｜花期 1—6 月；罕见结果。

🌿 重要性状图示

图 1　常绿藤本；
图 2　茎粗壮，褐色，纵裂；
图 3　奇数羽状复叶，对生；
图 4　小叶卵形，全缘，两面无毛，顶端渐尖，基部近圆；
图 5　顶生丝状卷须；
图 6　圆锥花序，花瓣合生，形成筒状花冠；
图 7　花各部分解剖，花冠橙红色，5 裂，雄蕊 4 枚，上位子房，花萼杯状，5 齿裂；
图 8　花冠内部着生毛状物；
图 9　药室基部张开纵裂，上部着生在花丝顶上（"丁"字形着生）；
图 10　子房纵切，子房着生在花盘之上。

藤本　花绿色

71 西番莲 *Passiflora caerulea* L.

科　属｜西番莲科 Passifloraceae 西番莲属 *Passiflora*
别　名｜时计草、洋酸茄花和转枝莲。
物候期｜花期 5—7 月；果期 7—9 月。

重要性状图示

图 1　常绿藤本；
图 2　叶掌状 5 深裂，中间裂片卵形，两侧裂片略小，无毛，全缘；
图 3　叶柄基部托叶较大、肾形，抱茎，边缘波状，叶柄中部有细小腺体，腋生卷须弯曲；
图 4　花单生；
图 5　花整体，花柱 3，雄蕊 5 枚，副花冠裂片 3 轮，丝状；
图 6　花各部分解剖，苞片 3 枚，宽卵形，绿色，萼片 5 枚，外面淡绿色，内面绿白色，外面顶端具 1 角状附属物，花瓣与萼片等长，副花冠，顶端天蓝色，中部白色、下部紫红色，雌雄蕊具柄；
图 7　花纵切，上位子房，下位花；
图 8　柱头肾形；
图 9　广歧药，纵裂；
图 10　子房横切，侧膜胎座，3 心室；
图 11　子房纵切，胚珠多数；
图 12　浆果卵圆球形。

藤本　花紫色

72 铁线莲 *Clematis florida* Thunb.

科　属｜毛茛科 Ranunculaceae 铁线莲属 *Clematis*
别　名｜东北铁线莲、架子菜和威灵仙。
物候期｜花期 1—2 月；果期 3—4 月。

重要性状图示

图 1　多年生藤本；
图 2　茎紫红色，被稀疏短柔毛，具纵纹，茎节膨大；
图 3　二回三出复叶；
图 4　小叶片狭卵形，顶端钝尖，基部圆形，边缘全缘，两面均不被毛，脉纹不显，具叶柄；
图 5　花单生于叶腋，花梗中下部着生一对叶状苞片，苞片宽卵圆形，基部无柄，被毛；
图 6　萼片花瓣状，正面紫色，辐射对称，萼片互不覆盖，镊合排列；
图 7　萼片背面近白色，沿三条直的中脉形成被毛区域，边缘无毛；
图 8　花纵切，雄蕊和雌蕊着生在隆起的花托上；
图 9　花各部分解剖，萼片 6 枚，倒卵圆形，顶端较尖，基部渐狭，雄蕊和雌蕊多数；
图 10　萼片花蕾期时互不覆盖，镊合排列；
图 11　雄蕊下端近紫色，花丝宽线形，无毛，花药较花丝短；
图 12　花药侧生，长方矩圆形；
图 13　子房狭卵形，被淡黄色柔毛，花柱短，上部无毛；
图 14　柱头膨大成头状；
图 15　子房斜纵切，可视胚珠；
图 16　子房纵切，基生胎座；
图 17　子房横切，多数离生心皮；
图 18　聚合瘦果；
图 19　瘦果着生在花托之上，倒卵形，扁平，边缘增厚，宿存花柱伸长成喙状。

1

73 褐毛铁线莲 *Clematis fusca* Turcz.

科　属 | 毛茛科 Ranunculaceae 铁线莲属 *Clematis*
别　名 | 褐紫铁线莲、紫花铁线莲和呼仁－奥日牙木格。
物候期 | 花期 6—7 月；果期 8—9 月。

重要性状图示

图 1　多年生藤本；
图 2　茎表面紫红色，有纵的棱状凸起及沟纹，叶对生；
图 3　聚伞花序腋生，花钟状，下垂，有 1 对叶状苞片；
图 4　花整体，花梗和萼片外被毛；
图 5　花各部分解剖，萼片 4 枚，紫色，雄蕊多数，心皮多数分离；
图 6　花纵切，上位子房，下位花；
图 7　萼片外面、侧面及里面；
图 8　雄蕊花丝线形，外面及两侧被毛，基部无毛，花药线形，内向着生，外面被毛，顶端有尖头状突起；
图 9　心皮多数，离生；
图 10　子房被短柔毛，花柱被绢状毛；
图 11　子房横切，每心皮内有 1 胚珠；
图 12　聚合瘦果；
图 13　瘦果扁平，棕色，倒卵形，边缘增厚，被毛，宿存花柱伸长成喙状，被黄色柔毛。

第二章 园林植物物种识别

藤本

155

74 蒜香藤 *Mansoa alliacea* (Lam.) A. H. Gentry

科　属｜紫葳科 Bignoniaceae 蒜香藤属 *Mansoa*
别　名｜紫铃藤、张氏紫葳和蒜香猫尾藤。
物候期｜花期 5—11 月；果期 9 月—翌年 1 月。

重要性状图示

图 1　常绿藤本；
图 2　茎节膨大，二出复叶，椭圆形，深绿色，具光泽，揉搓有蒜香味；
图 3　花纵切，花冠筒状，冠檐顶端 5 裂，下位子房，上位花；
图 4　花药"丁"字形着生；
图 5　聚伞花序腋生，花刚开时为粉紫色，几天后逐渐变为粉色，最后变成白色后脱落；
图 6　蒴果。

蕨类植物

75 铁线蕨 *Adiantum capillus-veneris* L.

科　属｜凤尾蕨科 Pteridaceae 铁线蕨属 *Adiantum*
别　名｜银杏蕨、条裂铁线蕨和肺心草。
物候期｜蕨类植物花和果实。

🌿 重要性状图示

图 1　多年生蕨类，叶柄近黑色；
图 2　顶端叶片卵状三角形，中部以下二回羽状；
图 3　小羽片斜扇形，叶脉扇状分叉；
图 4　孢子囊群生于裂片顶部反折的囊群盖下面。

76 黑桫椤 *Gymnosphaera podophylla* (Hook.) Copel.

科　属｜桫椤科 Cyatheaceae 黑桫椤属 *Gymnosphaera*
别　名｜鬼桫椤、结脉黑桫椤和大叶黑桫椤。
物候期｜蕨类植物无花和果实。

🌿 重要性状图示

图1　常绿灌木状；
图2　树状主干；
图3　叶二回羽状，小羽片互生；
图4　大叶长圆状披针形，顶端长渐尖；
图5　小羽片正面无孢子，条状披针形，小羽叶背面有孢子囊群圆形，着生小脉背面近基部处；
图6　孢子囊群圆形，着生在小脉近基部的囊托上。

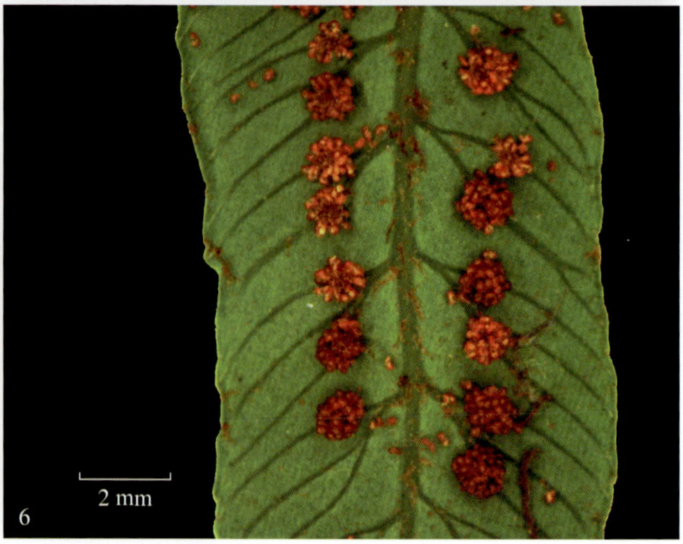

第三章
园林植物实践应用

根据园林植物的不同生活型和花的颜色进行分类，重点介绍植物的名称、分类地位（科和属）、重要识别要点、物候期、观赏特点及应用。

乔木　花白色

77 海杧果 *Cerbera manghas* L.

科　属｜夹竹桃科 Apocynaceae 海杧果属 *Cerbera*
别　名｜海檬果、海芒果和牛金茄。
物候期｜花期 3—10 月；果期 7—翌年 4 月。

🌸 重要性状图示

图 1　常绿乔木；
图 2　树皮灰褐色；
图 3　叶厚纸质，倒卵状长圆形，螺旋状互生；
图 4　聚伞花序顶生；
图 5　花瓣和花萼镊合状排列；
图 6　花各部分解剖，萼片 5 枚，具短尖头，花冠裂片 5 枚，白色，高脚碟状，花冠管圆筒状，喉部染红色，具 5 枚被柔毛的鳞片，两性花，上位子房，柱头球形，雄蕊着生在花冠筒喉部；
图 7　花药黄色；
图 8　柱头球形，基部环状；
图 9　子房横切图，2 枚离生心皮；
图 10　单生核果，球形，顶端尖，外果皮木质。

观赏特点及应用

　　观形和观花常绿乔木，华南地区常见，最适合广东和海南地区种植，用于海边、道路、庭园和公园的园林绿化，但茎、叶和果均含有剧毒的白色乳汁，不能食用；也可以作为上层植物，与中下层色叶灌木球红花檵木 *Loropetalum chinense* var. *rubrum* Yieh 和海桐 *Pittosporum tobira* (Thunb.) Ait. 等植物搭配，结合临近的朴树 *Celtis sinensis* Pers. 组团绿植，形成高低错落的植物景观（图 11）。

第三章 园林植物实践应用

乔木

161

78 水石榕 *Elaeocarpus hainanensis* Oliver

科　　属｜杜英科 Elaeocarpaceae 杜英属 *Elaeocarpus*
别　　名｜海南胆八树和海南杜英。
物候期｜花期 6—7 月；果期 10—11 月。

重要性状图示

图 1　常绿乔木；
图 2　树干灰褐色；
图 3　叶片革质，披针形，叶缘具齿；
图 4　叶互生和顶端簇生，总状花序生于叶腋；
图 5　花瓣和花萼镊合状排序；
图 6　花各部分解剖，花萼 5 枚，披针形，白色花瓣 5 枚，先端丝裂，雄蕊多数，上位子房，花柱绿色，花盘在子房基部，多裂而连续，呈环；
图 7　雄蕊，有微毛，药隔（花丝的顶端）突出呈芒刺状，花药 2 室，顶孔开裂；
图 8　子房横切，中轴胎座，2 室；
图 9　子房纵切，胚珠多数；
图 10　核果纺锤形，两端尖。

观赏特点及应用

观形、观花和异色叶常绿乔木，老叶在冬季变成红色，华南可栽培种植，用作滨水植物（图 11）、园景树（图 12）、行道树和其他花木的背景树，也可以在中下层搭配色叶灌木球红花檵木和银姬小蜡 *Ligustrum sinense* var. *variegatum*，并以红枫 *Acer palmatum* 'Atropurpureum'、山茶 *Camellia japonica* L. 等较低的辅助层的小乔木和灌木过渡到木犀 *Osmanthus fragrans* (Thunb.) Lour. 等植物，形成有季相变化的带状植物景观（图 13）。

79 九里香 *Murraya exotica* L.

科　属｜芸香科 Rutaceae 九里香属 *Murraya*
别　名｜九秋香、七里香和千里香。
物候期｜花期 4—8 月；果期 9—12 月。

重要性状图示

图 1　常绿小乔木；
图 2　羽状复叶，互生；
图 3　小叶倒卵状椭圆形，两侧不对称，顶端钝，微凹，基部短尖，边全缘，平展，小叶柄短，背面有腺点；
图 4　聚伞花序，花瓣白色，花柄细长，花芳香；
图 5　花瓣覆瓦状排列，花瓣互相覆盖，其中有一片完全在外侧；
图 6　花各部分解剖，花瓣 5 枚，离生，白色，萼片 5 枚，三角状卵形，绿色，雄蕊 10 枚，5 长 5 短，花丝白色，上位子房，柱头常比子房宽，柱头黄色；
图 7　花药背着；
图 8　黄色柱头粗大；
图 9　子房横切，中轴胎座，3 室，胚珠多数；
图 10　未成熟果绿色，成熟时朱红色，椭圆形，顶部短尖，略歪斜。

观赏特点及应用

观形、观花和芳香常绿植物，华南地区广泛栽培种植，常用作绿篱和盆景树，也可以作为园林绿化中点缀景观，或与红叶石楠 *Photinia×fraseri* Dress 和朱槿 *Hibiscus rosa-sinensis* L. 等球类植物搭配形成小尺度的植物造景景观（图 11），如屋顶花园，也可作为绿篱使用。

第三章 园林植物实践应用

乔木

3 cm

10

红鸡蛋花 无刺枸骨

朱槿

九里香

红叶石楠

木犀

11

167

80 洋蒲桃 *Syzygium samarangense* (Blume) Merr. et Perry

科　属｜桃金娘科 Myrtaceae 蒲桃属 *Syzygium*
别　名｜莲雾、天桃和水蒲桃。
物候期｜花期 3—4 月；果实 5—6 月成熟。

重要性状图示

图 1　常绿乔木；
图 2　树干灰褐色，树皮纵裂；
图 3　单叶对生，叶脉明显，叶薄革质，椭圆形，先端尖，基部变狭，无叶柄；
图 4　聚伞花序顶生或腋生；
图 5　花各部分解剖，花瓣 4 枚，雄蕊多数，花柱线形，黄色，圆柱形，下位子房，子房被花萼管包裹其中，花萼齿 4 枚，半圆形；
图 6　花药细小，"丁"字形着生，2 室，纵裂；
图 7　柱头圆形，淡黄色；
图 8　子房横切，中轴胎座，2 室，胚珠多数；
图 9　浆果梨形。

观赏特点及应用

观形和观花常绿乔木，华南地区栽培种植，常在广场、绿地（图 10）、庭园作风景树和绿荫树，或在建筑物前配植，作为行道树，也可以在建筑入口两侧或景观节点处作为常绿主景树种植，搭配花灌木灰莉 *Fagraea ceilanica* Thunb.、朱槿和红鳞蒲桃 *Syzygium hancei* Merr. et Perry 等球类植物，形成主要景观节点（图 11）。

❿

⓫

乔木　花黄色

81 腊肠树 *Cassia fistula* L.

科　属｜豆科 Fabaceae 腊肠树属 *Cassia*
别　名｜猪肠豆、波斯皂荚和牛角树。
物候期｜花期 6—8 月；果期 10 月。

🌀 重要性状图示

图 1　落叶乔木；

图 2　树干灰色；

图 3　一回偶数羽状复叶，小叶对生，小叶薄革质，阔卵形，基部楔形，叶全缘，叶柄短；

图 4　总状花序下垂，柱头细长，伸出花冠；

图 5　花各部分解剖，花萼 5 枚，长卵形，花瓣 5 枚，黄色，具明显的脉；雄蕊 10 枚，上位子房；

图 6　雄蕊 3 枚长而弯曲，伸出花瓣，4 枚短而直，具阔大的花药，3 枚较小，不育；

图 7　具长而弯曲花丝的花药，背着，纵裂；

图 8　短而直的花药，花药阔大，背着，纵裂；

图 9　最小的花药，短而小，背着，纵裂；

图 10　子房纵切，边缘胎座，胚珠多数；

图 11　荚果圆柱形，下垂如腊肠。

观赏特点及应用

　　观形和观花落叶乔木，是泰国的国花，在中国西南和南方地区栽培种植，常在公园、水滨和庭园等处与红色花木配置种植，或 2～3 株成丛种植作为景观树或列植作为行道树（图 12），也可以作为焦点上层植物，中下层搭配开花的山茶和其他不同高度色叶小灌木，与相邻的柚 *Citrus maxima* (Burm.) Merr. 打造多彩建筑角落植物景观（图 13）。

第三章 园林植物实践应用

腊肠树　　小茶　　红叶石楠　柚　　红花檵木

乔木

173

82 毛叶猫尾木 *Markhamia stipulata* var. *kerrii* Sprague

科　属｜紫葳科 Bignoniaceae 猫尾木属 *Markhamia*
别　名｜猫尾、猫尾木和猫尾树。
物候期｜花期 10—11 月；果期翌年 4—6 月。

重要性状图示

图 1　常绿乔木；
图 2　奇数羽状复叶，小叶卵形，顶端短渐尖，叶边缘具齿；
图 3　总状花序，花冠黄色；
图 4　花各部分解剖，花萼黄褐色，密被褐色茸毛，合瓣花冠，5 裂，黄色，漏斗形，下部紫色，雄蕊 4 枚，2 长 2 短（二强雄蕊），柱头绿色，上位子房，子房基部具花盘；
图 5　花药"个"字形，背着，纵裂；
图 6　花柱绿色，柱头扁平，2 裂；
图 7　花盘圆形，橘红色；
图 8　子房横切，边缘胎座；
图 9　子房纵切，胚珠多数；
图 10　蒴果极长，下垂似猫尾。

观赏特点及应用

观形和观花常绿乔木，在中国云南和华南地区栽培种植，作为庭园和草坪的观赏绿化树种（图 11），也可以与其他造型花灌木搭配，不仅凸显毛叶猫尾木树形和花朵的硕大，而且形成高低错落的立体空间，使植物组团色彩丰富（图 12）。

乔木

⓫

山茶　　毛叶猫尾木　　海桐　　杨梅　　山茶　红花檵木
⓬

乔木 花粉色

83 宫粉羊蹄甲 *Bauhinia variegata* L.

科　属｜豆科 Fabaceae 羊蹄甲属 *Bauhini*
别　名｜羊蹄甲、红紫荆和弯叶树。
物候期｜花果全年。

重要性状图示

图 1　落叶乔木；
图 2　树皮暗褐色；
图 3　单叶互生，叶革质，基部心形，先端 2 裂；
图 4　总状花序侧生或顶生；
图 5　花各部分解剖，花萼佛焰苞状，花瓣 5 枚，4 枚花瓣淡红色，中间 1 枚花瓣紫红色有斑纹，可育雄蕊 5 枚，上位子房；
图 6　花丝粉色或白色，花药背着；
图 7　柱头小，子房上位，具长柄，被柔毛；
图 8　子房横切，边缘胎座；
图 9　子房纵切，胚珠多数；
图 10　荚果带状，扁平。

观赏特点及应用

观形和观花落叶乔木，花大美丽具香味，可作为风景林木和行道树，也可与红枝蒲桃 *Syzygium rehderianum* Merr. & L. M. Perry 和杨梅 *Morella rubra* Lour. 等小灌木搭配形成庭园观花及观叶植物组团（图 11）。

84 美丽异木棉 *Ceiba speciosa* (A. St.-Hil.) Ravenna

科　属｜锦葵科 Malvaceae 吉贝属 *Ceiba*
别　名｜美人树、美丽木棉和丝木棉。
物候期｜花期 8—11 月；果期翌年 3—5 月。

重要性状图示

图 1　落叶乔木；
图 2　树皮灰色，纵裂，具皮刺；
图 3　掌状复叶，小叶椭圆形，叶边缘有齿；
图 4　新叶红褐色；
图 5　托叶三角形；
图 6　圆锥花序顶生；
图 7　花各部分解剖，花萼合生，镊合状排列，花瓣5枚，基部淡黄色，中部有粉红色斑纹；
图 8　雄蕊2轮，花丝合生，顶端内轮雄蕊，淡红色，基部外轮退化雄蕊，不育，花药黑红色，被毛；
图 9　初开花朵的外轮雄蕊，淡粉红色；
图 10　子房横切，中轴胎座，5 室；
图 11　子房纵切，胚珠多数；
图 12　蒴果椭圆形；
图 13　果实成熟会开裂，种子被白毛。

观赏特点及应用

观形和观花落叶乔木，在中国华南地区广泛引种栽培，该种先花后叶，花朵硕大，花语是姹紫嫣红和孤傲非凡。该树可以群植于草坪上（图14），或作为公园、广场和庭院的优良树种，也可以在开阔的草坪列植，既凸显了挺拔的树形，又塑造了秩序感空间，下层种植规则的小灌木海桐和石楠等，形成紧凑有序的植物景观（图15）。

180

第三章 园林植物实践应用

乔木

181

乔木 花橙红色

85 凤凰木 *Delonix regia* (Boj.) Raf.

科　属｜豆科 Fabaceae 凤凰木属 *Delonix*
别　名｜火凤凰、金凤花和红花楹。
物候期｜花期 6—7 月；果期 8—10 月。

重要性状图示

图 1　落叶乔木；

图 2　树皮灰褐色；

图 3　二回偶数羽状复叶，小叶偶数密集对生；

图 4　总状花序顶生，假蝶形花冠；

图 5　花瓣鲜红色至橙红色，与花萼互生，具黄色及白色花斑；

图 6　花各部分解剖，花萼和花瓣离生，各 5 枚，雄蕊 10 枚；

图 7　花药基部着生于花丝顶部（基着药）；

图 8　上位子房；

图 9　胚珠着生于子房的边缘（边缘胎座）；

图 10　荚果带形，扁平；

图 11　种子横长圆形，种皮有斑纹。

观赏特点及应用

观形和观花落叶乔木，花大而色泽鲜艳，孤植或作为组团主干树种。凤凰木与黄槿 *Talipariti tiliaceum* (L.) Fryxell 搭配其他花灌木及球类植物，形成丰富的组团景观，打造出丰富的植物景观效果（图 12）。

86 鸡冠刺桐 *Erythrina crista-galli* L.

科　属｜豆科 Fabaceae 刺桐属 *Erythrina*
别　名｜冠刺桐、海红豆和珊瑚树。
物候期｜花期 4—10 月；果期 5—11 月。

重要性状图示

图 1　落叶乔木；
图 2　树皮灰色，纵裂；
图 3　茎和叶柄具皮刺；
图 4　羽状复叶具 3 小叶；
图 5　总状花序顶生；
图 6　花序基部有小苞片 2 枚，绿色，披针形，反卷；
图 7　花各部分解剖，钟状花萼，旗瓣 1 枚，稍大，翼瓣短小，2 枚分离，龙骨瓣较大，2 枚合生，上位子房；
图 8　二体雄蕊，9 枚雄蕊合生，1 枚雄蕊分离；
图 9　荚果线状长圆形；
图 10　果实成熟开裂，种子亮褐色，卵圆形。

观赏特点及应用

观形和观花落叶乔木，在中国广泛栽培种植，植物景观效果见诗中描述"初见枝头万绿浓，忽惊火伞欲烧空"（宋代王十朋，图 11）。此树常孤植于草坪上（图 12），或作为公园、广场、庭院和道路绿化的优良树种，可丛植，亦可与凤凰木等乔木搭配种植为组团景观树（图 13），形成多层次植物景观。

⑩ ⑪ 初见枝头万绿浓，忽惊火伞欲烧空

⑫

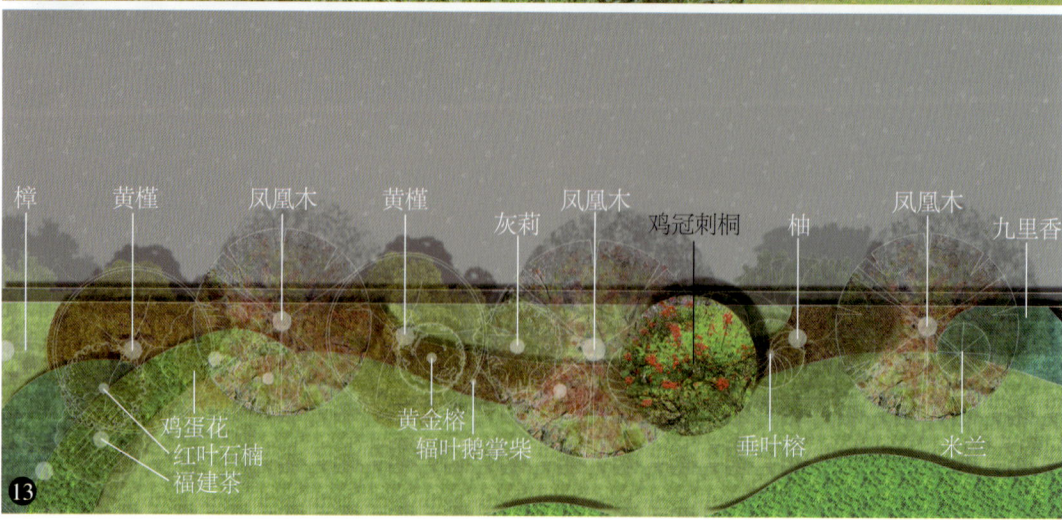

⑬ 樟　黄槿　凤凰木　黄槿　灰莉　凤凰木　鸡冠刺桐　柚　凤凰木　九里香　鸡蛋花　红叶石楠　福建茶　黄金榕　辐叶鹅掌柴　垂叶榕　米兰

乔木　花紫色

87 尖叶蓝花楹 *Jacaranda cuspidifolia* Mart.

科　属｜紫葳科 Bignoniaceae 蓝花楹属 *Jacaranda*
别　名｜蓝雾树、蓝花楹和含羞草叶蓝花楹。
物候期｜花期 7 至翌年 5 月；果期 8—12 月。

重要性状图示

图 1　落叶乔木；
图 2　二回奇数羽状复叶；
图 3　圆锥花序顶生；
图 4　花各部分解剖，花萼合生，5 枚，合瓣花冠，钟状，基部收缩成细筒状，裂片 5，外被细柔毛，花柱细，顶端 2 裂，雄蕊 4 枚，2 长 2 短（二强雄蕊），子房红褐色，花盘厚，上位子房；
图 5　雄蕊着生于花冠基部（冠生雄蕊），花药基生；
图 6　退化雄蕊棒状，被毛；
图 7　蒴果木质，扁卵圆球形，种子扁平，周围具透明的翅。

观赏特点及应用

　　观形和观花落叶乔木，原产南美洲，在中国华南地区广泛引种栽培种植，该种花冠色彩秀丽清雅。可以作行道树、遮阴树和景观树（图 8），该树种散植在树池中，其树冠相互交错，花朵盛开时，将自然形成蓝色的花廊，仿佛被一片蓝紫色的霞光所笼罩，给人带来一种梦幻般的感觉（图 9）。

88 大花紫薇 *Lagerstroemia speciosa* (L.) Pers.

科　属｜千屈菜科 Lythraceae 紫薇属 *Lagerstroemia*
别　名｜百日红、洋紫薇和大叶紫薇。
物候期｜花期 5—7 月；果期 10—11 月。

重要性状图示

图 1　落叶乔木；
图 2　树皮灰色，脱皮后平滑；
图 3　单叶互生，叶革质；
图 4　圆锥花序顶生；
图 5　花纵切，花丝细长，长短不一，上位子房，下位花；
图 6　花各部分解剖，花瓣通常 6 枚，与花萼裂片同数，花瓣基部有细长的爪，边缘波状，子房无柄，花柱长，柱头头状；
图 7　花萼裂片三角形，反曲；
图 8　子房横切，中轴胎座，子房 6 室；
图 9　子房纵切，胚珠多数；
图 10　蒴果，基部由宿存的花萼包围，成熟时室背开裂为果瓣。

观赏特点及应用

观形和观花落叶乔木，花大且美丽，入秋后叶色变紫红色，有色叶期较长，可以与乔木搭配形成植物组团，亦可 3 株或 5 株丛植，形成花团锦簇的组团景观（图 11）。

黄花风铃木
海桐
海桐
鸡蛋花
黄金榕
米兰
阳台
海芋
叶子花
红鳞蒲桃
朴树
变叶珊瑚
灰莉
柚
大花紫薇
监控室
海芋
蓝花楹
黄金榕球
柚

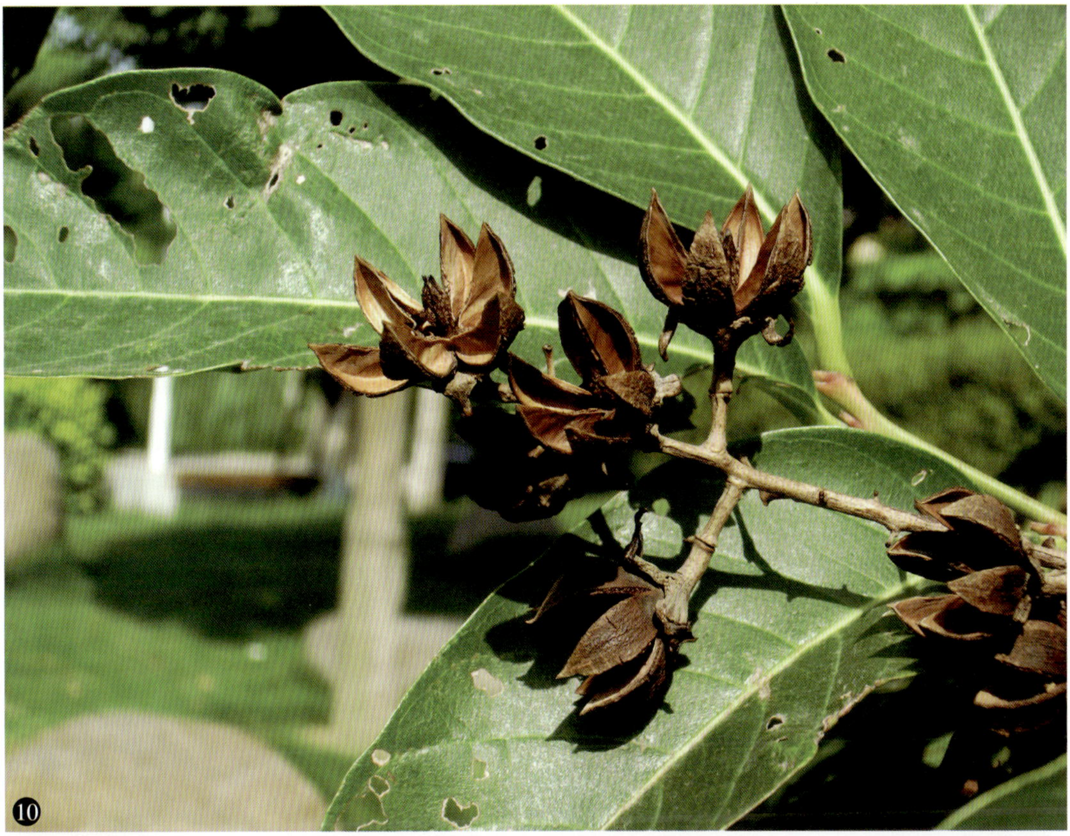

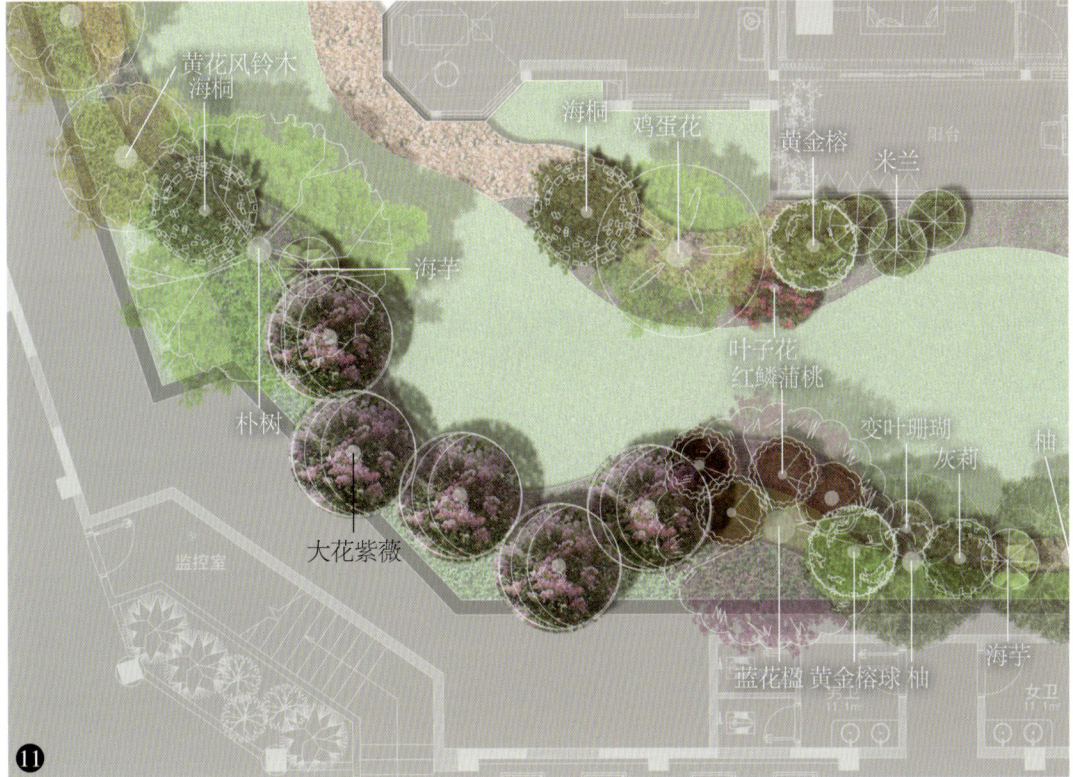

89 大花茄 *Solanum wrightii* Bentham

科　属｜茄科 Solanaceae　茄属 *Solanum*
别　名｜木番茄和双色番茄。
物候期｜花期 8—9 月；果期 9—10 月。

重要性状图示

图 1　常绿乔木；
图 2　树干棕灰色；
图 3　叶柄具星状的硬毛；
图 4　单叶互生，叶片羽状半裂，裂片为不规则的卵形；
图 5　聚伞花序，合瓣花冠 5 裂，紫色，后褪为淡紫色，直至白色；
图 6　花各部分解剖，萼片 5 裂，密被刚毛，裂片披针形，先端骤尖，雄蕊 5 枚，花丝短，花药长椭圆形，黄色，花柱微弯，上位子房，半球形；
图 7　柱头 2 浅裂；
图 8　子房横切，中轴胎座，4 室，胚珠多数；
图 9　浆果近球形，未成熟时绿色。

观赏特点及应用

观形和观花常绿乔木，原产南美洲，在中国西南和华南地区引种栽培，全株和果实有毒，可以丛植于草坪上，或作为公园、广场、庭院及水边配置的树种，也可以作为中层的大花植物，下层搭配色叶小灌木，与不同高度且色彩变化的植物组合在一起，营造出丰富的层次感和立体效果（图 10）。

90 二乔玉兰 *Yulania*×*soulangeana* (Soul.-Bod.) D. L. Fu

科　属｜木兰科 Magnoliaceae 玉兰属 *Yulania*
别　名｜二乔木兰和硃砂玉兰。
物候期｜花期 3—4 月；果期 8—9 月。

重要性状图示

图 1　落叶乔木，先花后叶，纯式花相；
图 2　树皮灰褐色；
图 3　单叶互生，叶椭圆状倒卵形，先端尖；
图 4　花单生于枝头，花被片紫色，枝上有叶痕；
图 5　花蕾卵圆形，被淡黄色绢毛；
图 6　花基部佛焰苞状苞片黄褐色，被黄色绢毛；
图 7　花各部分解剖（正面排列），花被片 9，外轮 3 片萼片状，披针形，内面白色，基部紫色，内轮 6 片椭圆形，正面白色，基部紫色，雄蕊多数，上位子房，离生心皮多数；
图 8　雄蕊紫红色，花药侧向开裂；
图 9　聚合蓇葖果。

观赏特点及应用

　　观形和观花落叶乔木，是中国广泛分布的传统早春花卉，花朵艳丽怡人，形似芙蓉花，唐代诗人王维诗中称其为"木末芙蓉花，山中发红萼"。全株（树皮、叶和花蕾）可入药，可以在庭园孤植（图 10）和群植，或作为行道树，也适用于在建筑物南面或窗前栽植，或者与球类植物搭配形成小组团点缀（图 11）配置，形成组团植物景观。

5 cm

5 mm

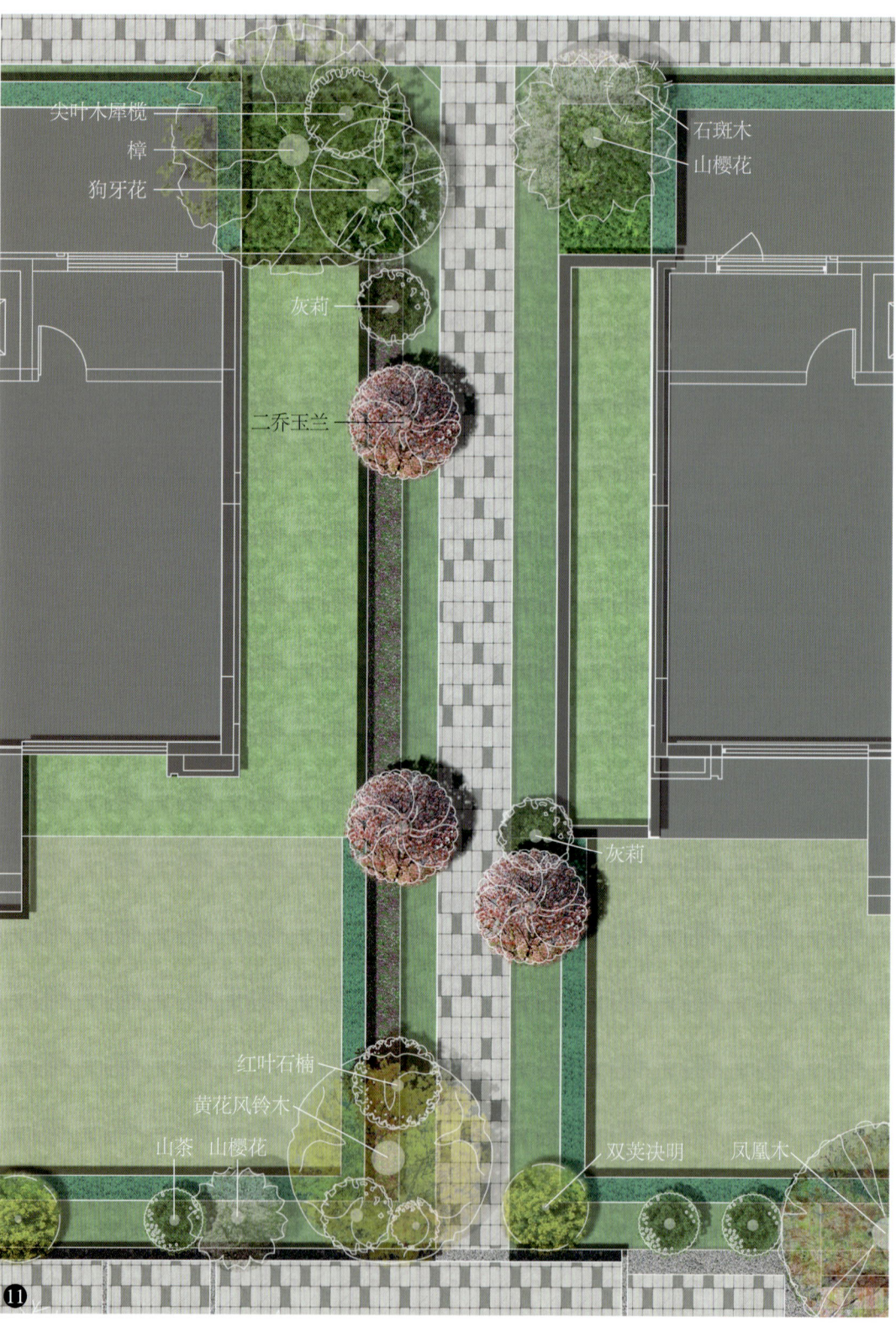

灌木　花白色

91 白花羊蹄甲 *Bauhinia acuminata* L.

科　属｜豆科 Fabaceae 羊蹄甲属 *Bauhinia*
别　名｜矮白花羊蹄甲、木碗树和马蹄豆。
物候期｜花期 4—6 月；果期 6—8 月。

重要性状图示

图 1　落叶灌木；
图 2　单叶互生，卵圆形，先端 2 裂；
图 3　叶片上面无毛，下面被灰色短柔毛，叶柄具沟，被短柔毛；
图 4　总状花序腋生；
图 5　花瓣覆瓦状排列，互相覆盖，其中有一片完全在外侧；
图 6　花纵切，雌蕊，淡绿色，子房具长柄，略被柔毛，上位子房，下位花；
图 7　花各部分展开，花瓣 5 枚，萼片佛焰苞状，雄蕊 10 枚，5 长 5 短；
图 8　花丝白色，花药长圆形，黄色，背着生；
图 9　柱头盾状；
图 10　子房横切，边缘胎座；
图 11　荚果开裂，扁平，直或稍弯，先端急尖，具喙（宿存花柱），种子扁平。

观赏特点及应用

　　观形、观花的落叶植物，在中国华南地区广泛栽培种植，也是可食用的花卉。该树可以作行道树和景观树，也可以将常绿植物在入口水景中作为背景绿植，白花羊蹄甲作为中层植物，成组搭配于上层乔木小叶榄仁 *Terminalia neotaliala* Capuron 之间，不仅增加层次变化，而且可以获得观花之美，为人们带来了视觉与心灵的双重享受（图 12）。

92 一叶萩 *Flueggea suffruticosa* (Pall.) Baill.

科　属｜叶下珠科 Phyllanthaceae 白饭树属 *Flueggea*
别　名｜山嵩树、狗梢条和叶底珠。
物候期｜花期 3—8 月；果期 6—11 月。

重要性状图示

图 1　落叶灌木；
图 2　小枝浅绿色，近圆柱形，有棱槽；
图 3　叶片纸质，椭圆形，具齿；
图 4　雌雄异株，雄花簇生于叶腋；
图 5　雌花着生于叶腋；
图 6　雄花整体，花药卵圆形；
图 7　雄花各部分解剖，萼片 5 枚，雄蕊 5 枚，退化雄蕊 1 枚，子房卵圆形；
图 8　雌花整体，柱头 3 裂；
图 9　子房卵圆形，柱头 3 裂；
图 10　子房横切，三心室，中轴胎座；
图 11　果序；
图 12　蒴果三棱状扁球形，果梗基部有宿存的萼片；
图 13　种子卵形。

观赏特点及应用

　　观形和观花落叶灌木，全国均可栽培种植，用于荒山和园林绿化；该植物与岩石配置，刚柔并济，也可以作为中层植物，上下搭配木犀和红花檵木等不同高度的小灌木，起到承上启下的作用，几种植物形态各异，丰富了整个植物组团的层次及视觉效果（图 14）。

93 珍珠梅 *Sorbaria sorbifolia* (L.) A. Br.

科　属｜蔷薇科 Rosaceae 珍珠梅属 *Sorbaria*
别　名｜八本条、高楷子和山高粱条子。
物候期｜花期 7—8 月；果期 9 月。

🌿 重要性状图示

图 1　落叶灌木；
图 2　小枝圆柱形，稍曲，初时绿色，老时褐色；
图 3　羽状复叶，小叶对生，卵状披针形，先端渐尖，边缘具齿，无柄；
图 4　圆锥花序顶生；
图 5　花各部分解剖，萼筒钟状，萼片 5 枚，花瓣 5 枚，花柱 5 枚，雄蕊多枚；
图 6　花纵切，上位子房，下位花；
图 7　柱头 5 枚，基部合生并膨大；
图 8　子房横切，5 心室；
图 9　圆锥果序顶生；
图 10　蓇葖果长圆形，顶生弯曲花柱宿存，果梗直立，萼片宿存，反折。

观赏特点及应用

观形和观花落叶灌木，花语为友爱和努力，用于草地角隅、窗前、屋后或庭院，亦可作绿篱或切花瓶插，也可以作为较高的小灌木，周边用较低矮的银姬小蜡等小灌木搭配，与上层的乔灌木形成对比，使得整个植物景观和谐统一（图 11）。

灌木　花黄色

94 黄蝉 *Allamanda schottii* Pohl

科　属 | 夹竹桃科 Apocynaceae 黄蝉属 *Allamanda*
别　名 | 黄婵、硬枝黄蝉和黄兰蝉。
物候期 | 花期 5—8 月；果期 10—12 月。

重要性状图示

图 1　常绿灌木；
图 2　叶全缘，椭圆形，叶柄极短，叶脉在叶面扁平，在叶背凸起；
图 3　叶轮生；
图 4　聚伞花序顶生，花冠橙黄色，漏斗状；
图 5　花各部分解剖，萼片 5 枚，合瓣花冠内面具红褐色条纹，冠檐顶端 5 裂，冠生雄蕊 5 枚，上位子房；
图 6　副花冠退化成毛状，着生在花冠筒的喉部；
图 7　柱头基部膨大，顶部圆锥状；
图 8　花盘肉质环状，5 裂；
图 9　蒴果球形，具长刺；
图 10　种子中间扁平，边缘隆起。

观赏特点及应用

观花常绿灌木，花语为活泼、快乐和希望，用于公园、工矿区、绿地、阶前、山坡、池畔、路旁群植或作花篱，又可以凭借紧凑的株型和鲜艳的花朵，使其成为界定边缘的理想材料，既可以清晰地划分出不同的功能区域，又为景观增添一抹亮色（图 11）。

第三章 园林植物实践应用

灌木

❿

⓫ 银姬小蜡　樟　　叶子花　杨梅　海桐　黄蝉

红叶石楠
柚
红花檵木
山茶

207

95 鱼鳔槐 *Colutea arborescens* L.

科　属｜豆科 Fabaceae 鱼鳔槐属 *Colutea*
别　名｜灯笼槐、膀胱豆和鱼膘槐。
物候期｜花期 5—7 月；果期 7—10 月。

重要性状图示

图 1　落叶灌木；
图 2　小枝幼时被细小白色伏毛；
图 3　羽状复叶，叶轴正面具沟槽；
图 4　小叶先端微凹或圆钝，具小尖头；
图 5　托叶三角形，被白色柔毛；
图 6　苞片卵状披针形，先端钝尖，具白色毛；
图 7　总状花序，蝶形花冠，橙黄色；
图 8　花各部分解剖，萼齿三角形，萼筒浅绿色，旗瓣 1 枚，先端微凹，2 枚翼瓣，基部具弯曲的耳，2 枚龙骨瓣合生，雄蕊多数；
图 9　二体雄蕊，9 枚合生成管状，1 枚分离；
图 10　子房纵切，边缘胎座，胚珠多数；
图 11　荚果长卵圆形，顶端具喙；
图 12　种子扁平。

观赏特点及应用

　　观形和观花的落叶灌木，在中国北方地区广泛引种栽培，应用于花坛、花境或绿地之中，也可以与朴树、金枝槐 *Styphnolobium japonicum* 'Golden Stem' 和火焰树等搭配，散植在草坪上，丰富下层景观效果（图 13），形成复合的植物景观。

第三章 园林植物实践应用

灌木

209

⓫ 2 cm

⓬ 2 mm

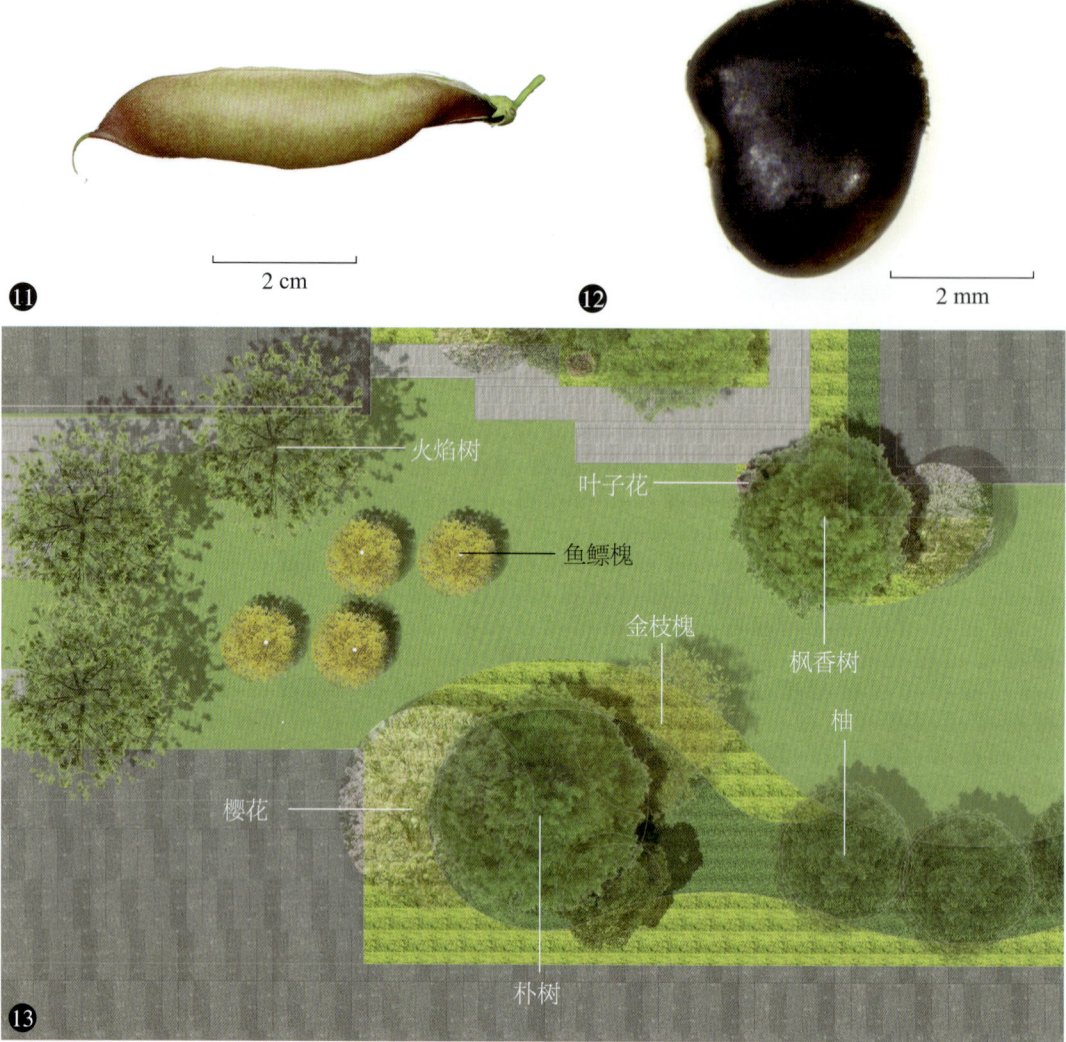

⓭ 火焰树　叶子花　鱼鳔槐　金枝槐　枫香树　柚　樱花　朴树

96 白纸扇 *Mussaenda philippica* A. Rich.

科　属｜茜草科 Rubiaceae 玉叶金花属 *Mussaenda*
别　名｜菲岛玉叶金花。
物候期｜花期 5—10 月；果期 7—10 月。

🔍 重要性状图示

图 1　常绿灌木；
图 2　叶对生；
图 3　叶片膜质，近圆形，顶端渐尖，基部楔形，被柔毛；
图 4　聚伞花序顶生，花冠高脚碟状，橙黄色，具花瓣状白色苞片；
图 5　花各部分解剖，花萼 4 枚，裂片线形，具毛，花冠裂片椭圆形，5 枚，柱头 2 裂，子房椭圆状；
图 6　下位子房，上位花；
图 7　雄蕊 5 枚，着生于花冠管的膨大部位，内藏；
图 8　花药线形；
图 9　柱头 2 枚；
图 10　子房横切，中轴胎座，2 室，胚珠多数；
图 11　浆果椭圆状，近球形，具毛。

观赏特点及应用

　　观花常绿植物，花语为请思念我、沉思和快乐，用于庭园栽植和花坛点缀，可以与乔木柚和下层花带植物等搭配，凸显该树种花色清爽，在色彩厚重的山茶花色的衬托（图 12）下形成街边绿植小景。

灌木　花橙色

97 嘉氏羊蹄甲 *Bauhinia galpinii* N. E. Br.

科　属｜豆科 Fabaceae 羊蹄甲属 *Bauhinia*
别　名｜橙花羊蹄甲和南非羊蹄甲。
物候期｜花期 4—11 月；果期 7—12 月。

重要性状图示

图 1　常绿灌木；
图 2　单叶互生；
图 3　叶近圆形，先端 2 裂，裂片顶端钝圆，基部心形；
图 4　聚伞花序；
图 5　花各部分解剖，萼片 1 枚，佛焰苞状，一边开裂，顶端有 5 枚短的细齿，花瓣 5 枚，橙红色，雄蕊 4 枚，子房具长柄，上位子房；
图 6　花药，长圆形，背着药；
图 7　柱头圆；
图 8　荚果长圆形，花柱宿存，具喙。

观赏特点及应用

　　观形和观花常绿植物，用于路边、墙垣边或池畔栽培观赏，也可盆栽用于阳台和天台绿化。该树种散植在火焰树和白兰 *Michelia* × *alba* DC. 构成的绿色屏障后的开阔草坪，与周围的天竺桂 *Cinnamomum japonicum* Sieb. 和鸡蛋花 *Plumeria rubra* L. 等灌木形成疏密有致的植物景观（图 9）。

98 赪桐 *Clerodendrum japonicum* (Thunb.) Sweet

科　属｜唇形科 Lamiaceae 大青属 *Clerodendrum*
别　名｜状元红、百日红和红花倒血莲。
物候期｜花果期 5—11 月。

重要性状图示

图 1　常绿灌木；
图 2　小枝具四棱，单叶对生；
图 3　叶片圆心形，顶端尖，基部心形，边缘有齿，背面密具锈黄色腺体；
图 4　二歧聚伞花序顶生；
图 5　花纵切，上位子房，下位花；
图 6　花各部分解剖，萼片 5 裂，合瓣花冠，顶端 5 裂，高脚杯状，红色，冠生雄蕊 4 枚，2 长 2 短；
图 7　花药"个"字形，纵裂；
图 8　柱头 2 浅裂；
图 9　子房横切，中轴胎座，4 室；
图 10　核果，球形，蓝黑色，宿萼增大，初包被果实，后向外反折呈星状。

观赏特点及应用

观花和观果常绿灌木，宋代方岳诗人描述该植物"似子圆红不似花，绿丛擎出野人家"（图 11），花语为珍贵纯洁和内心热诚。该植物用于路边和林下等地丛植、列植和群植。该树种丛植时，配置于凤凰木、山桃 *Prunus davidiana* (Carrière) Franch.、玉兰 *Yulania denudata* (Desr.) D. L. Fu 和金枝槐 *Styphnolobium japonicum* 'Golden Stem' 等高低错落的空间里，突破组团的沉闷感，起到提色效果（图 12）。

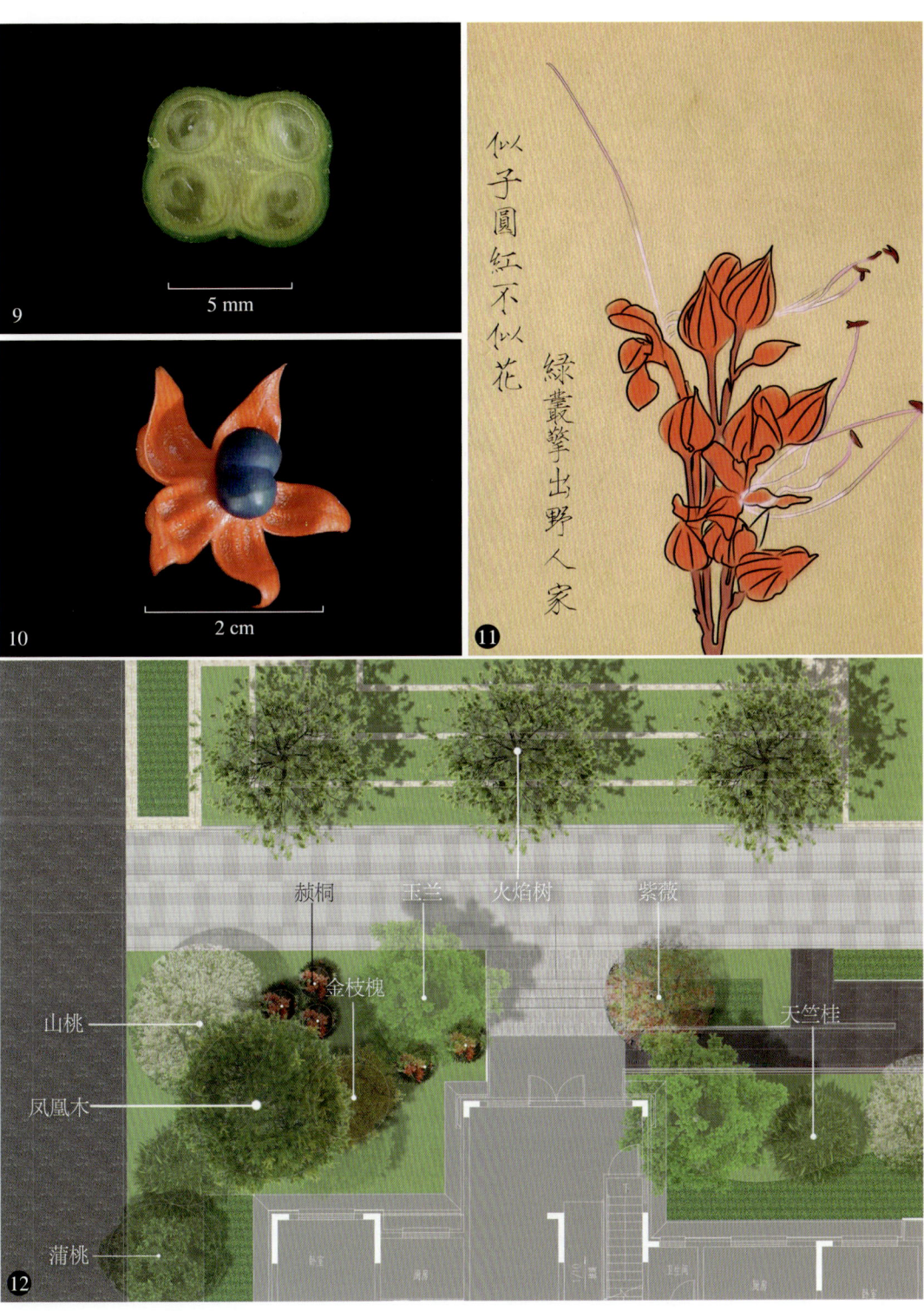

灌木　花红色

99 变叶珊瑚花 *Jatropha integerrima* Jacq.

科　属｜大戟科 Euphorbiaceae 麻风树属 *Jatropha*
别　名｜日日樱、南洋樱花和琴叶樱。
物候期｜南方花果期全年。

重要性状图示

图1　常绿灌木；
图2　单叶互生；
图3　托叶刚毛状，嫩枝被茸毛；
图4　倒阔披针形叶，正面绿色，背面紫绿色，叶脉呈紫红色；
图5　聚伞圆锥花序，顶生，花单性，雌雄同株；
图6　花瓣基部被白色茸毛，上位子房；
图7　雄花花瓣5枚，雄蕊8枚，基部合生，排成两轮，基部白色，花丝上端红色，花瓣基部具橙黄色半透明乳汁；
图8　雌花花瓣倒卵圆形，红色，基部白色，被白色茸毛；
图9　蒴果，椭圆状，无毛。

观赏特点及应用

　　观花和观果常绿灌木，四季花开不断，也可以观形，适合孤植或丛植于公园或庭园，亦可与鸡蛋花、海芋 *Alocasia odora* (Roxb.) K. Koch 和柚等植物搭配，点缀植物组团，形成丰富的植物景观（图10）。

灌木

100 朱槿 *Hibiscus rosa-sinensis* L.

科　　属｜锦葵科 Malvaceae 木槿属 *Hibiscus*
别　　名｜扶桑、大红花和状元红。
物候期｜南方花果期全年。

重要性状图示

图 1　常绿灌木；
图 2　叶互生，边缘具粗齿，托叶刺状；
图 3　花单生于叶腋间，常下垂；
图 4　花冠漏斗形，花瓣红色，反卷，单体雄蕊，花丝成束合生于雄蕊柱，花柱 5 裂，柱头头状；
图 5　花瓣旋转排列；
图 6　花纵切，上位子房，下位花；
图 7　花各部分解剖，副花萼多数，主花萼合生，5 浅裂，花瓣 5 枚，离生；
图 8　子房横切，中轴胎座，5 室；
图 9　子房纵切，胚珠多数；
图 10　蒴果卵形，常败育。

观赏特点及应用

观形和观花常绿灌木，宋代陆壑在诗中描述该植物"壁槿扶疏当缚篱，山深不用掩山扉"的景观效果（图 11），其花语为纤细美、体贴和永葆清新之美。华南地区把该植物常用于池畔、亭前、道旁、墙边和绿篱，长江流域和北方以盆栽用于点缀阳台或小庭园。该种修剪成球形，间隔种植于行道树盆架树之间，形成形态和色彩互补的列植式规则景观效果（图 12）。

222

壁槿扶疏當縛籬，山深不用掩山扉。

金枝槐

盆架树　朱槿

九里香乐昌含笑

樱花

火焰树

灌木

灌木 花紫色

101 胡枝子 *Lespedeza bicolor* Turcz.

科　属｜豆科 Fabaceae 胡枝子属 *Lespedeza*
别　名｜救荒本草、假花生和随军茶。
物候期｜花期 7—9 月；果期 9—10 月。

🌿 重要性状图示

图 1　常绿灌木，蝶形花冠红紫色；
图 2　小叶草质，卵形或倒卵形，先端微凹，具突起；
图 3　三出叶，托叶 2 枚，线状披针形；
图 4　总状花序腋生；
图 5　花各部分解剖，旗瓣 1 枚，翼瓣 2 枚，龙骨瓣 2 枚合生，雄蕊 10 枚，花萼合生；
图 6　旗瓣倒卵形，先端微凹，易卷曲；
图 7　翼瓣较短，近长圆形，基部具耳和瓣柄；
图 8　龙骨瓣与旗瓣近等长，先端钝，基部具较长的瓣柄；
图 9　花萼 5 浅裂，裂片三角状，先端尖，外面被白毛；
图 10　雄蕊 10 枚，9 枚合生，1 枚分离，二体雄蕊；
图 11　子房横切，边缘胎座；
图 12　总状果序；
图 13　荚果卵形，稍扁，果实表面有纹理。

观赏特点及应用

观花常绿灌木，花语为羞涩和沉思。用于庭园成片栽植。该植物独具柔软枝条和披散形态，与朴树、紫叶李 *Prunus cerasifera* 'Atropurpurea' 和云杉 *Picea asperata* Mast. 等背景植物搭配，种植在林缘前端和路边，形成前景和饱满的组团效果（图 14）。

①

第三章　园林植物实践应用

225

102 巴西野牡丹 *Tibouchina semidecandra* (Mart. et Schrank ex DC.) Cogn.

科　属｜野牡丹科 Melastomataceae 蒂牡花属 *Tibouchina*
别　名｜巴西蒂牡花、艳紫野牡丹和紫花野牡丹。
物候期｜南方花果期全年。

🌿 重要性状图示

图 1　常绿灌木；
图 2　茎四棱形，分枝多，枝条红褐色，茎枝几乎无毛，叶革质，披针状卵形，顶端渐尖，基部楔形，全缘，叶表面光滑无毛；
图 3　单花顶生；
图 4　下位子房，上位花；
图 5　花各部分解剖，离瓣花（花瓣分离）5 枚，紫色，雄蕊 10 枚；
图 6　花萼坛状球形，密被毛，基部合生，顶端 5 裂，圆钝；
图 7　10 枚雄蕊，5 长 5 短，白色且顶端弯曲；
图 8　子房横切，五心皮，胚珠多数；
图 9　蒴果坛状球形。

观赏特点及应用

　　观花和观叶灌木，植株清秀，可以点缀种植，也可与黄金榕 *Ficus microcarpa* 'Golden Leaves'、乌桕 *Triadica sebifera* (L.) Small 和紫薇 *Lagerstroemia indica* L. 等植物搭配形成植物组团景观（图 10）。

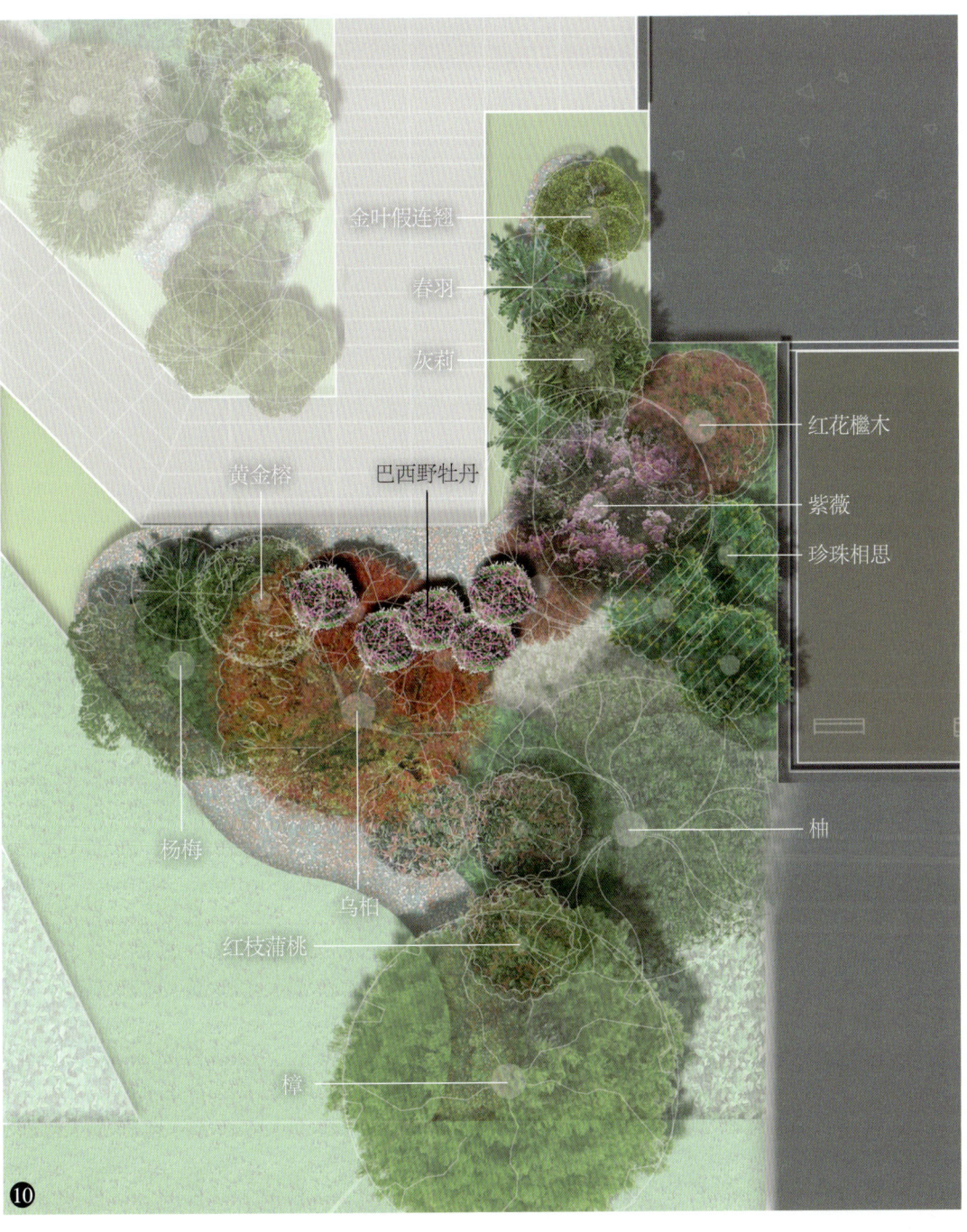

草本　花紫色

103 天蓝绣球 *Phlox paniculata* L.

科　属｜花荵科 Polemoniaceae 福禄考属 *Phlox*
别　名｜宿根福禄考、锥花福禄考和草夹竹桃。
物候期｜花期 6—9 月，果期 10 月。

重要性状图示

图 1　常绿草本；
图 2　交互对生，叶全缘，披针形具毛；
图 3　圆锥花序顶生，花冠高脚碟状，紫色；
图 4　花各部分解剖，花冠裂片 5 枚，花丝内藏；
图 5　上位子房；
图 6　花萼有 5 条肋，5 裂；
图 7　花药"丁"字形着生；
图 8　柱头 3 裂；
图 9　子房横切，3 心室，中轴胎座；
图 10　果序；
图 11　蒴果卵球形，成熟时 3 瓣裂；
图 12　果瓣 3 枚，种子 3，具假隔膜；
图 13　种子卵球形。

观赏特点及应用

观花常绿草本，花语为欢迎和大方。该植物可用于花坛和花境，也可作盆栽观赏或切花用。该植物花艳量多，姿态优美，因此种植在道路两侧，景观坐凳旁，达到引人入胜的景观效果（图 14）。

❶

❷

❸

第三章 园林植物实践应用

231

⓬ 10 mm

⓭ 2 mm

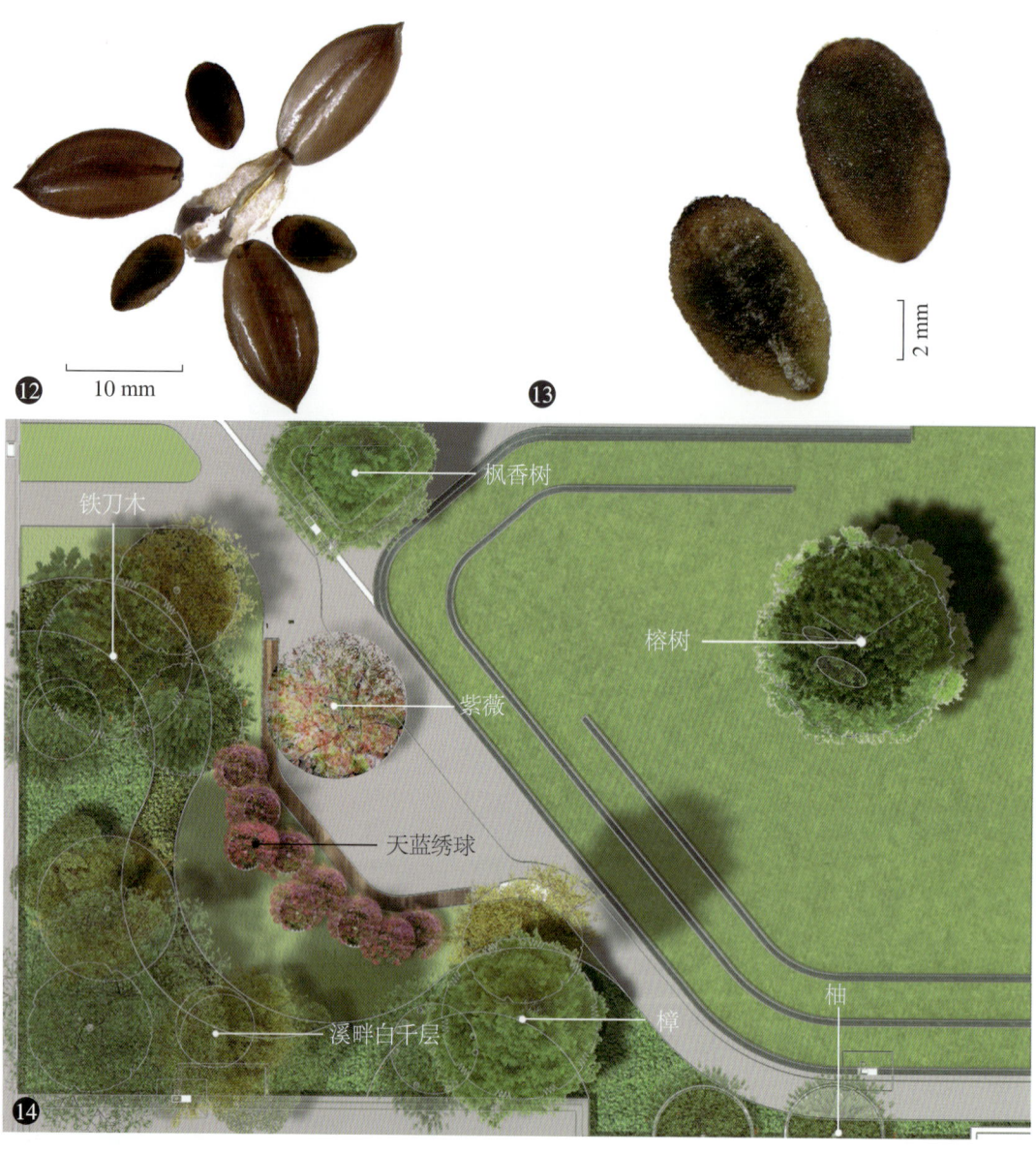

⓮

232

拉丁学名索引

A

Abelia chinensis	049
Adenium obesum	063
Adiantum capillus-veneris	157
Agrimonia pilosa	099
Alkekengi officinarum var. *franchetii*	084
Allamanda schottii	205
Allium senescens	119
Alpinia zerumbet	086
Alstonia rostrata	020
Apocynum venetum	064
Astilbe chinensis	121
Asystasia gangetica	088

B

Bauhinia acuminata	197
Bauhinia galpinii	213
Bauhinia monandra	034
Bauhinia variegata	177
Bombax ceiba	041
Bougainvillea glabra	051
Bunchosia dwyeri	026

C

Caesalpinia pulcherrima	071
Canna × *generalis*	113
Carica papaya	028
Cassia fistula	171
Ceiba speciosa	179
Cerbera manghas	160
Cestrum nocturnum	055
Clematis florida	151
Clematis fusca	154
Clerodendrum japonicum	215
Clerodendrum × *speciosum*	066
Colutea arborescens	208
Crinum asiaticum var. *sinicum*	089
Crotalaria pallida	101

D

Delonix regia	182
Dianella tasmanica 'Variegata'	123
Dombeya wallichii	036

E

Ecballium elaterium	102
Elaeocarpus hainanensis	163
Epilobium hirsutum	125
Erythrina crista-galli	184

F

Flueggea suffruticosa	200

G

Galphimia gracilis	056
Grevillea banksii	043
Guilandina minax	143
Gymnosphaera podophylla	158

H

Hamelia patens	073
Hibiscus rosa-sinensis	221
Hippeastrum rutilum	115
Hosta albomarginata	127
Hyophorbe lagenicaulis	022
Hymenocallis littoralis	090

I

Iris lactea	129
Iris pseudacorus	104

Iris tectorum	131	*Pseudocydonia sinensis*	039

J

Jacaranda cuspidifolia	187		
Jatropha integerrima	218		

R

Rhus chinensis	024
Rondeletia odorata	076
Rotheca myricoides	080
Ruellia elegans	117
Ruellia simplex	137
Russelia equisetiformis	077

K

Kigelia africana	045

S

Saponaria officinalis	095
Senna alata	057
Senna bicapsularis	059
Solanum wrightii	192
Sorbaria sorbifolia	203
Spathodea campanulata	047
Stylophorum diphyllum	106
Syzygium samarangense	168

L

Lagerstroemia speciosa	189
Lespedeza bicolor	224
Lonicera sempervirens	145
Lupinus micranthus	133

M

Mansoa alliacea	156
Markhamia stipulata var. *kerrii*	174
Murraya exotica	165
Mussaenda philippica	211

T

Talipariti tiliaceum	032
Tecoma capensis	078
Thalia dealbata	139
Thevetia peruviana	061
Thunbergia erecta	082
Tibouchina semidecandra	227
Torenia fournieri	141

O

Odontonema strictum	075
Oxalis violacea	135

V

Verbascum thapsus	108

P

Passiflora caerulea	149
Peltophorum pterocarpum	030
Pentas lanceolata	067
Persicaria orientalis	110
Philadelphus schrenkii	053
Phlox paniculata	230
Physostegia virginiana 'Summersnow'	092
Pontederia cordata	136
Pyrostegia venusta	147
Pseuderanthemum laxiflorum	069
Pseuderanthemum reticulatum var. *ovarifolium*	094

Y

Yulania×*soulangeana*	194

Z

Zephyranthes candida	097

中文名称索引

B
巴西野牡丹	227
白花羊蹄甲	197
白屈菜罂粟	106
白纸扇	211
爆仗竹	077
本可樱	026
变叶珊瑚花	218

C
长隔木	073
赪桐	215
翅荚决明	057
葱莲	097

D
大花茄	192
大花芦莉	117
大花美人蕉	113
大花紫薇	189
单蕊羊蹄甲	034
吊瓜树	045
东北山梅花	053
盾柱木	030

E
二乔玉兰	194

F
番木瓜	028
非洲芙蓉	036
肥皂草	095
凤凰木	182

G
宫粉羊蹄甲	177
挂金灯	084
贯月忍冬	145
光叶子花	051

H
海杧果	160
褐毛铁线莲	154
黑桫椤	158
红花银桦	043
红萼龙吐珠	066
红蓼	110
胡枝子	224
黄蝉	205
黄菖蒲	104
黄花夹竹桃	061
黄槿	032
喙荚鹰叶刺	143
花叶长果山营	123
火焰树	047

J
鸡冠刺桐	184
鸡冠爵床	075
嘉氏羊蹄甲	213
尖叶蓝花楹	187
金凤花	071
金叶拟美花	094
金英	056
堇色酢浆草	135
九里香	165
酒瓶椰子	022

K
宽叶十万错	088

L
腊肠树	171
蓝蝴蝶	080
蓝花草	137
蓝猪耳	141
郎德木	076
柳叶菜	125
六月雪假龙头	092
龙牙草	099
罗布麻	064
落新妇	121

M
马蔺	129
毛叶猫尾木	174
毛蕊花	108
美丽异木棉	179
木瓜	039
木棉	041

N
糯米条	049

P
炮仗藤	147
喷瓜	102
盆架树	020

S
沙漠玫瑰	063
山韭	119
双荚决明	059
水鬼蕉	090
水石榕	163
蒜香藤	156
梭鱼草	136

T
天蓝绣球	230
铁线蕨	157
铁线莲	151

W
文殊兰	089
五星花	067

X
西番莲	149

Y
盐麸木	024
艳山姜	086
洋蒲桃	168
夜香树	055
一叶萩	200
硬骨凌霄	078
鱼鳔槐	208
羽扇豆	133
鸢尾	131

Z
再力花	139
珍珠梅	203
直立山牵牛	082
朱顶红	115
朱槿	221
猪屎豆	101
紫玉簪	127
紫云杜鹃	069